COURS D'ALGÈBRE

Élémentaire

A L'USAGE

des Candidats au Brevet de Capacité

et des Candidats aux Baccalauréats

LIBRAIRIE CATHOLIQUE EMMANUEL VITTE

LYON   PARIS

COURS

D'ALGÈBRE

ÉLÉMENTAIRE

AVIS

Le **Supplément** du Cours d'Algèbre élémentaire (nombres algébriques et variation des fonctions) est remis gratuitement aux acheteurs du présent volume.

VIENT DE PARAITRE :

Notions élémentaires d'algèbre, par *un Comité de professeurs,* à l'usage des classes de l'enseignement primaire et de la classe de troisième de l'enseignement secondaire, piqûre in-16. Prix... 1 40

COURS

D'ALGÈBRE

ÉLÉMENTAIRE

A L'USAGE

des Candidats au Brevet de Capacité et des Candidats

aux Baccalauréats

PAR UN COMITÉ DE PROFESSEURS

LIBRAIRIE CATHOLIQUE EMMANUEL VITTE

LYON { 3, *place Bellecour*, 3 | 5, *rue Garancière*, 5 } PARIS
{ SIÈGE SOCIAL | 1, *place St-Sulpice*, 1 }

1924

PREMIÈRE PARTIE

CALCUL ALGÉBRIQUE

CHAPITRE PREMIER

PRÉLIMINAIRES

---

1. But de l'algèbre. — L'Algèbre est une science qui enseigne à *simplifier* et à *généraliser* les questions sur les nombres.

Pour atteindre ce but, l'algèbre représente les nombres par les lettres de l'alphabet :

$$a, b, c, d\ldots, x, y, z, u, v.$$

Si plusieurs nombres sont représentés par la même lettre, on marque cette lettre de signes particuliers appelés *indices*. Ainsi les expressions :

$$a', a'', a''', a^{IV}, a^{V}, a^{IV},\ldots,$$
$$a_1, a_2, a_3, a_4, a_5, a_6,\ldots,$$

expriment des nombres distincts. Les premières se lisent :

$$a\ prime,\ a\ seconde,\ a\ tierce,\ a\ quarte,\ldots,$$

et les secondes,

$$a\ indice\ un,\ a\ indice\ deux,\ a\ indice\ trois,\ldots,$$

2. Nombres algébriques. — Les nombres arithmétiques ne permettent pas d'évaluer certaines grandeurs, avec une précision suffisante. Ainsi dire que la *température* est de 10°, que l'*altitude* d'un point est de 250 m., que tel événement s'est passé en l'an 54, c'est exprimer des idées incomplètes. Pour être précis, il faut dire : la température est de 10° *au-dessus* ou *au-dessous* de 0° ; l'altitude est de 250 m. *au-dessus* ou *au-dessous* du niveau de la mer ; l'événement s'est passé en l'an 54 *avant* ou *après* telle ère.

Pour déterminer dans quel sens doit être évaluée une grandeur, on la fait précéder du signe $+$ ou du signe $-$.

Les nombres arithmétiques précédés du signe $+$, sont dits NOMBRES POSITIFS.

Les nombres arithmétiques précédés du signe $-$, sont dits NOMBRES NÉGATIFS.

Les NOMBRES ALGÉBRIQUES sont l'ensemble des nombres positifs et des nombres négatifs, y compris zéro.

3. REMARQUE. — Dans le paragraphe précédent, les signes $+$ et $-$ n'ont pas la signification d'addition ou de soustraction. Ils désignent un *sens*, et sont inséparablement unis aux nombres arithmétiques, pour en faire des nombres algébriques.

4. Signes algébriques. — Les signes de l'*addition* et de la *soustraction* sont les mêmes qu'en arithmétique ($+$ et $-$).

Le *produit* des nombres a, b, c, peut se représenter indifféremment par $a \times b \times c$, ou $a. b. c.$, ou abc.

On indique la *division* de a par b en écrivant :

$$\frac{a}{b} \quad \text{ou} \quad a : b$$

Ces expressions se lisent respectivement :

$$a \text{ sur } b, \text{ et } a \text{ divisé par } b.$$

5. Inégalité. — Les signes de l'inégalité sont $>$ et $<$; ils se lisent : *plus grand que* et *plus petit que*.

Pour indiquer que deux nombres a et b sont inégaux, on écrit :

$$a > b \quad \text{ou} \quad a < b$$

selon que a est le plus grand ou le plus petit des deux nombres.

6. Egalité. — Le signe de l'égalité est $=$ qu'on prononce *égale*. On place ce signe entre deux quantités qui ont la même valeur numérique. L'expression

$$a = b$$

est une égalité.

Dans une égalité, tout ce qui précède le signe $=$ est le *premier membre*, tandis qu'on appelle *deuxième membre* tout ce qui est placé après ce signe.

7. Radical. — Pour indiquer l'extraction de la racine d'un nombre, on recouvre ce nombre du signe $\sqrt{}$ appelé *radical ;*

entre les branches de ce signe, on place un nombre appelé *indice* de la racine, qui indique quelle espèce de racine on doit extraire.

Ainsi les expressions

$$\sqrt[3]{a} \quad \sqrt[5]{a^2b} \quad \sqrt[12]{c^5}$$

représentent respectivement la racine *cubique* de a, la racine *cinquième* de a^2b et la *douzième* de c^5. La racine carrée d'un nombre a se représente sans indice par $\sqrt{a}$.

8. Coefficient. — On appelle COEFFICIENT un nombre placé à gauche d'une quantité et qui indique combien de fois cette quantité est prise comme partie d'une somme.

EXEMPLES :
$$5a = a+a+a+a+a$$

et :
$$\frac{3}{4}a = \frac{a}{4}+\frac{a}{4}+\frac{a}{4}$$

9. Exposant. — On appelle EXPOSANT un nombre placé à droite et en haut d'une lettre, et qui exprime combien le nombre représenté par cette lettre est pris de fois comme facteur d'un produit.

EXEMPLES :
$$a^5 = a.a.a.a.a.$$

et :
$$5a^3b^2c = 5.a.a.a.b.b.c$$

Les expressions a^2, a^3, a^4, a^5,....., a^m, se lisent respectivement

a deux, a trois, a quatre, a cinq,....., a puissance m.

10. Expression algébrique. — Une EXPRESSION ALGÉBRIQUE est l'indication d'un certain nombre d'opérations à effectuer sur des lettres.

EXEMPLES :
$$a+b+3a^2b,$$

et :
$$4a^2 - 5b^3 + \frac{4ab^2}{5} - \frac{2a^2b}{3}$$

11. Terme. — On nomme TERME toute expression algébrique dont les parties ne sont pas réunies par l'un des signes + ou —.

La première expression ci-dessus (N° 10) a trois termes ; la deuxième en a quatre.

12. Monôme. — Un MONOME est une expression algébrique qui n'a qu'un seul terme.

EXEMPLES : $a,\quad a^5x^4,\quad \dfrac{4a}{9},\quad \dfrac{6a^3b^2c}{5(a+b)}$

13. Polynôme. — On appelle POLYNOME toute expression algébrique qui a plus d'un terme. Parmi les polynômes, on distingue le BINOME qui a deux termes, le TRINOME qui en a trois.

Ainsi les expressions suivantes

$$a+b,\quad a^2+2ax+x^2,\quad x^3-3ax^2+3a^2x-a^3,$$

sont des polynômes. Le premier est un binôme et le second est un trinôme.

14. Polynôme entier en x. — Un polynôme en x est *entier* par rapport à cette lettre lorsque tous les exposants de x sont *entiers* et *positifs* et que cette lettre ne figure pas en dénominateur ni sous un radical.

Le polynôme $45a^2x^2-13b^2x+8a^2b^2-1$ est entier en x, tandis que les suivants ne le sont pas :

$$\frac{45a^2}{x^2}-13b^2x,\quad 45a^2x-2-9a^3x^4+1,\quad 67a^2x^2+43a^3\sqrt{x}$$

15. Degré d'un terme entier en x. — Le degré d'un terme entier en x est l'exposant de x dans ce terme.

Les degrés des termes suivants :

$$a^2x,\quad a,\quad x^4\quad 15a^3x^2,\quad \frac{11x^3}{7},\quad \frac{ax^5}{b},\quad ax^m,$$

sont respectivement :

$$1,\ 0,\ 4,\ 2,\ 3,\ 5,\ m.$$

16. Degré d'un polynôme entier en x. — Le degré d'un polynôme entier en x est donné par le plus fort exposant de x dans ce polynôme.

Ainsi le polynôme

$$4a^3x^4-3a^4x^3+2a^5x^2-ax+11$$

est du *quatrième degré*.

17. Ordination des polynômes. — Ordonner un polynôme, c'est disposer ses termes de manière que les exposants de l'une de ses lettres soient placés par ordre croissant ou décroissant de grandeur.

Ainsi le polynôme
$$ax^2-bx^4+1+cx^3+dx^6-x^5$$
étant ordonné par rapport à x, prendra les deux formes suivantes :
$$dx^6-x^5-bx^4+cx^3+ax^2+1$$
$$1+ax^2+cx^3-bx^4-x^5+dx^6$$

Dans le premier cas, le polynôme est ordonné par rapport aux puissances décroissantes de x, et dans le second, il est ordonné par rapport aux puissances croissantes de cette lettre.

La lettre par rapport à laquelle on ordonne un polynôme s'appelle *lettre ordonnatrice*.

18. Termes semblables. — Plusieurs termes sont *semblables* lorsqu'ils sont formés avec les mêmes lettres affectées des mêmes exposants, quels que soient leurs coeffcients.

EXEMPLE : $\quad 7a^2, \quad -11,25a^2, \quad \dfrac{12a^2}{5} \quad a^2\sqrt{3}$

19. Réduction des termes semblables. — Cette réduction consiste *à réduire* en un seul terme tous les termes semblables d'un polynôme. Pour cela, *on fait d'une part la somme des termes semblables positifs, et d'autre part, la somme des termes semblables négatifs, puis on retranche la plus petite somme de la plus grande en donnant au reste le signe de la plus grande.*

Ainsi dans le polynôme
$$11a^3-9a^3+7a^3-a-5a^3+3a^2+2a^3+a^2+4a-1$$
a^3 doit être pris $11-9+7-5+2=6$ fois,
$a^2 \qquad\qquad\qquad 3+1=4$ fois.
$a \qquad\qquad\qquad\quad 4-1=3$ fois.

De sorte que le polynôme proposé se réduit à
$$6a^3+4a^2+3a-1.$$

20. Valeur numérique. — La VALEUR NUMÉRIQUE d'une expression algébrique est la valeur que prend cette expression lorsqu'on remplace ses lettres par les nombres qu'elles représentent.

Soit par exemple à trouver la valeur numérique de
$$a^3-3a^2x^2y^2+3ax^4y^4-x^6y^6$$
sachant que $a=10$, $x=2$, $y=1$.

En remplaçant chaque lettre par sa valeur, on trouve pour valeur numérique de ce polynôme

$$10^3 - 3.10^2.2^2 + 3.10.4^4 - 2^6 = 1000 - 1200 + 480 - 64 = 216.$$

EXERCICES

1. Faire voir la différence qu'il y a entre les expressions suivantes :

$$1^\circ \ 3.4 \text{ et } 3^4 ; \quad 2^\circ \ 5a \text{ et } a^5.$$

2. Lire les expressions suivantes :

$$1^\circ \ a^2, a^7 ; \quad 2^\circ \ a^3 b^4 c^2 ; \quad 3^\circ \ \sqrt{a^3}.$$

3. Trouver, par rapport à x, le degré de chacune des expressions suivantes :

$$1^\circ \ 4x^3 ; \quad 2^\circ \ a^3x^5 ; \quad 3^\circ \ a^3 + 3a^2x + 3a^2x^2 + x^3.$$

4. Ordonner successivement, par rapport à chaque lettre, les polynômes suivants :

$$4a^3x^2 - 5ax^6 + 9a^2x^7 - 4a^4x^3 + 5x + 7$$
$$a^3b^3 - a^3b^2 + ab^4 - a^4b + ab^5 - a^6 + b^6$$

Effectuer la réduction des termes semblables :

5. $5 - a + 3b - 4a - 2b + 7a - 4.$

6. $x^2 - x + 3x^2 - 4x + x^3 - 5x^2 + 8x - 1$

7. $47 - 24a + 33 - 52a + 67 - 11a + 1$

Trouver les valeurs numériques des polynômes suivants :

$$1^\circ \text{ Pour } a = 10, \quad b = 2, \quad c = 1 ;$$
$$2^\circ \text{ Pour } a = 5, \quad b = 1, \quad c = 2 ;$$

8. $(a+b)^2$ **9.** $a^2 + b^2 - c^2$

10. $(a+c)^2 - 10$ **11.** $a^2 - (b-1)^2$

Calculer les expressions suivantes pour $x = 3$, $a = 2$:

12. $(a-x)^2 + 9$ **15.** $x^3 - 3ax^2 + 3a^2x - a^3$

13. $x^4 - x^3 + x^2 - x + 1$ **16.** $a^5 - 5a^4 + 5a - 1$

14. $a^4 - 2a^2 + 1$ **17.** $(a-1)^2 - (x-2)^2$

CHAPITRE II

ADDITION ET SOUSTRACTION ALGÉBRIQUES

Dans l'addition et la soustraction algébriques, on distingue deux cas :

1° *Addition et soustraction des monômes ;*

2° *Addition et soustraction des polynômes ;*

I. — Addition des monomes.

21. Règle. — *Pour obtenir la somme de plusieurs monômes, on les écrit à la suite les uns des autres avec leurs signes, puis on fait la réduction des termes semblables lorsqu'il y en a.*

Soit à additionner les monômes suivants :
$$5a,\ b^2,\ -4a,\ 9b^2,\ 15a^2-11a^2$$
Leur somme est évidemment
$$5a+b^2-4a+9b^2+15a^2-11a^2$$
ou, en intervertissant l'ordre des termes,
$$5a-4a+b^2+9b^2+15a^2-11a^2$$
et après réduction
$$a+10b^2+4a^2.$$

II. — Addition des polynômes.

22. Règle. — *La somme de plusieurs polynômes s'obtient en écrivant tous leurs termes à la suite les uns des autres, chacun avec son signe, et en effectuant la réduction des termes semblables.*

Soit le polynôme $a-b$, auquel on doit ajouter un autre polynôme $c-d$.

Si au polynôme $a-b$, on ajoute c, on ajoute d de trop, parce que $a-b$ doit être augmenté seulement de l'excès de c sur d. La somme $a-b+c$ doit donc être diminuée de d, et devient
$$a-b+c-d$$
Ce résultat légitime la règle précédente.

23. — Dans la pratique, on facilite la réduction des termes semblables, en appliquant la règle suivante :

Règle. — *Pour faire la somme de plusieurs polynômes, on les écrit les uns sous les autres, de manière que leurs termes semblables se correspondent puis on en fait la réduction.*

Ainsi pour faire la somme des trois polynômes
$$6a^2x^2+x^4+a^4-4a^3x-4ax^3+9$$
$$7ax^3-7a^2x^2+5a^3x+3a^4-x^4-5$$
$$2a^4-a^3x+2a^2x^2-10ax^3-3x^4-3$$
on les dispose comme l'indique le tableau suivant :
$$a^4-4a^3x+6a^2x^2-\ 4ax^3+\ x^4+9$$
$$3a^4+5a^3x-7a^2x^2+\ 7ax^3-\ x^4-5$$
$$\underline{2a^4-\ a^3x+2a^2x^2-10ax^3-3x^4-3}$$
$$6a^4\qquad +\ a^2x^2-\ 7ax^3-3x^4+1$$
puis on fait la réduction des termes de chaque colonne.

La somme cherchée est :

$$6a^4 + a^2x^2 - 7ax^3 - 3x^4 + 1.$$

III. — Soustraction des monômes.

24. Règle. — *Pour soustraire un monôme* b *d'une quantité* a *il suffit de changer le signe de* b *et de l'ajouter à* a.

En effet, d'après la définition arithmétique de la soustraction, la différence cherchée ajoutée à b doit reproduire a ; cette différence ne peut donc être que $a-b$, puisque

$$b+(a-b)=a$$

Soit encore à soustraire $-b$ de a. La différence cherchée est $a+b$, car si on ajoute cette expression à $-b$, on trouve

$$-b+(a+b)=-b+a+b=a$$

On déduit de là les corollaires suivants :

25. Corollaire I. — Retrancher $-b$, c'est ajouter $+b$, puisqu'on a :

$$a-(-b)=a+b$$

Corollaire II. — Ajouter $-b$, c'est retrancher b, car

$$a+(-b)=a-b$$

IV. — Soustraction des polynômes.

26. Règle. — *Pour obtenir la différence de deux polynômes, on change les signes de tous les termes du polynôme à soustraire, et on l'ajoute ainsi modifié, à l'autre polynôme.*

Soit à soustraire a—b *de* c+d.

La différence cherchée est $c+d-a+b$, car si à cette quantité on ajoute $a-b$, on obtient

$$(c+d-a+b)+(a-b)=c+d$$

Application. — *Trouver la différence des deux polynômes*

$$4a^3-4b^3-2a^2b+3ab^2 \text{ et } 3a^2b-3ab^2+3a^3-4b^3$$

On change les signes du second polynôme qui devient :

$$-3a^2b+3ab^2-3a^3+4b^3$$

puis on l'ajoute au premier. On trouve ainsi :

$$4a^3-4b^3-2a^2b+3ab^2-3a^2b+3ab^2-3a^3+4b^3$$

et après réduction,

$$a^3-5a^2b+6ab^2$$

c'est la différence cherchée.

27. Règle. — Lorsque les deux polynômes ont des termes semblables, dans la pratique, on observe la règle suivante :
Pour obtenir la différence de deux polynômes ayant des termes semblables, on change les signes du polynôme à soustraire, puis

on ajoute ces deux polynômes en les plaçant l'un sous l'autre, de manière que leurs termes semblables se correspondent, et l'on fait la réduction.

Ainsi, pour soustraire de $a^4+7a^3b-4a^2b^2+2ab^3-3b^4$ le polynôme $-4a^2b^2+a^4+6a^3b-4b^4+4ab^3$, on change les signes de ce dernier et on l'ajoute au premier polynôme, comme l'indique le tableau suivant :

$$a^4+7a^3b-4a^2b^2+2ab^3-3b^4$$
$$-a^4-6a^3b+4a^2b^2-4ab^3+4b^4$$
$$\overline{a^3b-2ab^3+b^4}$$

Après réduction, on trouve pour différence :

$$a^3b-2ab^3+b^4$$

Remarque. — Pour indiquer qu'une expression algébrique doit être soustraite d'une autre, on la met dans une parenthèse que l'on fait précéder du signe—.

Ainsi, pour indiquer que l'on doit soustraire de P le polynôme $a-b+c-d$, on écrira :

$$P-(a-b+c-d)$$

EXERCICES sur L'ADDITION et sur la SOUSTRACTION

Additionner les monômes suivants et réduire :

18. $3a,\ 5b^2,\ -7a,\ 4b,\ -4b^2,\ 1$

19. $x^5,\ -x^2\ x,\ -1,\ x^4,\ x^3,\ x^2,\ -x,\ 1$

20. $4a^2b,\ 6a^3b^2,\ -3a^2b,\ 7a^2b^2,\ 6a^3b^2,\ -7$

Additionner les polynômes suivant :

21. $a+b-c,\ a-b+c$

22. $a+b+c,\ a+b-c,\ a-b+c,\ b+c-a$

23. $10a-3b+7c,\ 9a+5b-4c$

24. $9a^2-4ab+3b^2-1,\ 7a^2+9ab-4b^2+2$

Si l'on a

$$A=a+b+c \qquad\qquad C=a+b-c$$
$$B=a-b+c \qquad\qquad D=b+c-a$$

former les expressions suivantes :

25. $A+B$ **28.** $C+D$

26. $A+D$ **29.** $A+B+C$

27. $B+C$ **30.** $B+C+D$

Effectuer les opérations suivantes et réduire :

31. $a-(-a)$ **37.** $(a+b+c+d)-(a-b+c-d)$

32. $(a+b)-(a-b)$ **38.** $(a-b+c-d)-(b-a-c+d)$

33. $40-(-30)$ **39.** $(4a-20)-(3a-40)$

34. $a-(a-b)$ **40.** $(a+1)+(3a-4)-(2a-10)$

35. $a^3-(-4a^3)$ **41.** $(a-b)-(a+b)-(b-a)$

36. $1-(1-a)$ **42.** $x^2-y^2-(x^2+y^2-2xy)$

43. $(a-b)+(b-a)-(a+b)-(b-a)$

44. $(a^2+2ab+b^2)-(a^2-2ab+b^2)$

45. $(a^3-3a^2b+3ab^2-b^3)-(a^3+3a^2b+3ab^2+b^3)$

46. $(x-y)-(y+z-v)+(v+y-z)+(2y-x)$

47. $x^2-(y^2-z^2)+b^2-(x^2+z^2)+y^2-(x^2+y^2)$

48. $(x+2y-6z)-[3y-(6x-6y)+6z]$

49. $(a+b-c)-(a-b+c)+(b-a+c)-(c-a-b)$

Si l'on pose :

$$A=a+b+c \qquad C=a+b-c$$
$$B=a-b+c \qquad D=b+c-a$$

calculer les expressions suivantes :

50. $A+B-C$ **54.** $A-B+C$
51. $A+B-D$ **55.** $A+D-C$
52. $A-D+C$ **56.** $A-D-C$
53. $B+C-D$ **57.** $(A+B)-(C+B)$

CHAPITRE III

MULTIPLICATION ALGÉBRIQUE

I. — Préliminaires.

28. Règle des signes. — *Le produit de deux nombres est positif ou négatif, selon que ces deux nombres ont le même signe ou des signes contraires.*

Nous admettrons cette règle sans démonstration. On la traduit généralement par les égalités suivantes :

$$(+a)\times(+b)=+ab$$
$$(-a)\times(+b)=-ab$$
$$(+a)\times(-b)=-ab$$
$$(-a)\times(-b)=+ab$$

EXEMPLES :
$$1° \quad 10\times(-5)=-50$$
$$2° \quad (-5)\times(+6)=-30$$
$$3° \quad (-7)\times(-4)=+28$$

Remarque. — On distingue quatre cas dans la théorie de la multiplication algébrique :

1° *Produit de deux puissances d'une même lettre ;*
2° *Produit de deux monômes ;*
3° *Produit d'un polynôme par un monôme ;*
4° *Produit de deux polynômes.*

II. — Produit de deux puissances d'une même lettre.

29. Règle. — *Le produit de deux puissances d'une même lettre s'obtient en donnant à cette lettre un exposant égal à la somme des exposants des deux puissances données, et en tenant compte de la règle des signes.*

Soient a^4 et a^5, deux puissances de a ; leur produit $a^4. a^5$ renferme $4+5$ facteurs égaux à a ; par suite, d'après la définition de l'exposant, ce produit est

$$a^4. a^5 = a^{4+5} = a^9$$

En général, on a $\qquad a^m. a^n = a^{m+n}$

Applications. — D'après les règles précédentes (28-29), on peut écrire :

$$1^o \quad 6^3.6^5 = 6^8.$$
$$2^o \quad -a^2.a = -a^3$$
$$3^o \quad a^{14}.a^6 = a^{20}$$
$$4^o \quad x^{m+1}.x^{n-m-1} = x^n$$

III. — Produit de deux monômes.

30. Règle. — Pour obtenir le produit de deux monômes :

1° *On fait le produit des coefficients des deux monômes en observant la règle des signes ;*

2° *A la suite de ce produit, on écrit toutes les lettres communes aux deux monômes, en donnant à chacune d'elles un exposant égal à la somme des exposants dont elle est affectée dans ces deux monômes.*

3° *On écrit ensuite les autres lettres telles qu'elles sont, avec leurs exposants respectifs.*

Soient les deux monômes $7a^4b^3d$ et $9a^6bc^3d^2$. Pour obtenir leur produit, il suffit de multiplier entre eux tous les facteurs dont ils se composent. On a donc

$$7a^4b^3d \times 9a^6bc^3d^2 = 7.a^4.b^3.d.9.a^6.b.c^3.d^2$$

et en intervertissant les facteurs,

$$7a^4b^3d \times 9a^6bc^3d^2 = 7.9.a^4.a^6.b^3.b.c^3d.d^2.$$

Enfin, si l'on applique la règle de la multiplication de deux puissances d'une même lettre (29), on a définitivement :

$$7a^4b^3d \times 9a^6bc^3d^2 = 63a^{10}b^4c^3d^3$$

Si les facteurs avaient été de signes contraires, ou tous deux négatifs, on aurait eu :

$$7a^4b^3 \times (-9a^6bc^3d^2) = -63a^{10}b^4c^3d^3$$
$$(-7a^4b^3d)\,(-9a^6bc^3d^2) = 63a^{10}b^4c^3d^3$$

31. Produit d'un nombre quelconque de monômes. Règle.

— *On obtient le produit de plusieurs monômes en multipliant le premier monôme par le second, puis en multipliant le produit obtenu par le troisième monôme, et ainsi de suite.*

D'après cette règle, le produit

$$(-4a^3b^5) \times 7a^2b^6(-2ab^3)$$

s'obtient en multipliant $-4a^3b^5$ par $7a^2b^6$, ce qui donne pour produit $28a^5b^{11}$; puis en multipliant $-28a^5b^{11}$ par $-2ab^3$. Le produit définitif est donc $56a^6b^{14}$.

IV. — Puissance d'un monôme.

32. Règle. — *Pour élever un monôme à une puissance déterminée, il faut élever à cette puissance tous les facteurs de ce monôme.*

PREMIER EXEMPLE. — Soit à élever à la cinquième puissance le monôme a^3. On a

$$(a^3)^5 = a^3 . a^3 . a^3 . a^3 . a^3 = a^{3 \times 5} = a^{15}$$

et, en général, $(a^n)^m = a^{mn}$

DEUXIÈME EXEMPLE. — Soit à élever au cube le monôme positif $5a^4b^3c^2d$. On a :

$$(5a^4b^3c^2d)^3 = 5a^4b^3c^2d . 5a^4b^3c^2d . 5a^4b^3c^2d$$

Mais, à cause de la règle (31), on a encore

$$(5a^4b^3c^2d)^3 = 5^3a^{4 \cdot 3}b^{3 \cdot 3}c^{2 \cdot 3}d^3 = 5^3a^{12}b^9c^6d^3$$

et, en général,

$$(ax^my^n)^p = a^p x^{mp} y^{np}$$

Corollaire. — Il résulte de cette règle, que *si l'on élève à une puissance paire un nombre quelconque, le résultat est positif ; mais si l'on élève à une puissance impaire un nombre négatif, le résultat est négatif.*

EXEMPLES $1^o \ (-a)^4 = a^4$ $3^o \ (+a)^8 = a^8$

$2^o \ (-a)^7 = -a^7$ $4^o \ (+a)^9 = a^9$

EXERCICES sur la MULTIPLICATION des MONOMES

Effectuer les produits indiqués :

58. $5 \times (-2) \ (-1)$
59. $(-5) + (-2) \times (-3)$
60. $(-1) \times 2 \times (-3)$
61. $(-3) \times 2(-5) \times 4(-7) \times 6$
62. $(-1)^2 \times (-)^4$
63. $(-7)^2 \times (-7)^3$
64. $(-10)^4 \times (-2)^3$
65. $a^5 \times a^7$
66. $a^{12} \times a^5$
67. $(-a^3 \times a^6$
68. $(-a^2) \times a^3) \times a^4$
69. $(-a) \ (-a^3) \times a^5 \times a^7$
70. $(-a^2) \ (-a) \ (-a^3)$
71. $3x \times 5y$
72. $x^2y^3 \times x^4y^4$
73. $xy(-2xy) \times 3xy$

Effectuer les opérations indiquées :

74. $(a^2)^2$		**81.** $(-1)^2$	
75. $(a^3)^3$		**82.** $(-1)^3$	
76. $(a^5)^2$		**83.** $(-1)^3\,(-1)^4\,(-1)$	
77. $(-a)^2$		**84.** $(-a)^2\,(-a^2)^2$	
78. $(-b)^2(-b)^3$		**85.** $(2^3.5^4)^2$	
79. $(-a^2)^4$		**86.** $(-2^3.5^4)^3$	
80. $(-a^2)^3\,(-a^2)$		**87.** $(4a^2b^3c^4)^2$	

CHAPITRE IV

MULTIPLICATION ALGÉBRIQUE

I. — Produit d'un polynôme par un monôme.

33. Règle. — *Le produit d'un polynôme par un monôme s'obtient en multipliant chaque terme du polynôme par le monôme.*

Soit à multiplier le polynôme $a-b+c-d$ par le monôme m.

Le polynôme donné pouvant s'écrire $(a+c)-(b+d)$, l'opération demandée revient à multiplier une différence par m. Or, on a vu en arithmétique que pour obtenir le produit d'une somme ou d'une différence par un nombre, il suffit de multiplier par ce nombre chaque terme de la somme ou de la différence et de faire la somme ou la différence des produits. On a donc

$$[(a+c)-(b+d)]m=(a+c)m-(b+d)m$$

En vertu du même principe, on a encore

$$(a+c)m=am+cm \quad \text{et} \quad (b+d)m=bm+dm$$

Par suite, le produit précédent devient

$$(a+c)m-(b+d)m=am+cm-(bm+dm)$$
$$=am+cm-bm-dm$$

ou enfin

$$(a-b+c-d)m=am-bm+cm-dm$$

Si le monôme était négatif, il faudrait tenir compte de la règle des signes.

Applications. — *1° Trouver le produit de* $a^2-2ab+b^2$ *par* a^2.

D'après la règle précédente (33), on a :

$$(a^2-2ab+b^2)a^2=a^2.a^2-2ab.a^2+b^2.a^2=a^4-2a^3b+a^2b^2$$

2° *Multiplier* $a^3-b^3-2d^4$ *par* $-3a^2bc^4d$.
La règle (33) donne

$$(a^3-b^3-2d^4)\ (-3a^2bc^4d)$$
$$=a^3(-3a^2bc^4d)-b^3(-3a^2bc^4d)-2d^4(-3a^2bc^4d)$$

ou bien

$$(a^3-b^3-2d^4)\ (-3a^2bc^4d)=-3a^5bc^4d+3a^2b^3c^4d+6a^2bc^4d^5$$

34. Produit d'un monôme par un polynôme. — *Pour obtenir le produit d'un monôme par un polynôme, on multiplie chacun des termes de ce dernier par le monôme.*

Cela résulte de ce qu'on peut intervertir l'ordre des deux facteurs d'un produit sans altérer ce produit. Ainsi, on a

$$(-3a^2)\ (a^2b^2-a^3b^3+4b^5)=(a^2b^2-a^3b^3+4b^5)(-3a^2)$$
$$=-3a^4b^2+3a^5b^3-12a^2b^5$$

II. — Mise en facteurs.

35. Règle. — *Lorsque tous les termes d'un polynôme renferment un même facteur, on peut dépouiller de ce facteur chacun des termes de ce polynôme, puis indiquer la multiplication de la somme des termes modifiés par le facteur supprimé.*
Cette opération porte le nom de *mise en facteurs.*

Cette règle résulte de l'égalité

$$(a-b+c-d)m=am-bm+cm-dm$$

démontrée au n° 33, et que l'on peut écrire

$$am-bm+cm-dm=(a-b+c-d)m$$

Applications. — 1° *Décomposer en facteurs le polynôme*
$$4a^5-8a^4-12a^2$$
Les termes de ce polynôme contiennent tous un facteur commun $4a^2$, de sorte qu'on peut écrire
$$4a^5-8a^4-12a^2=4a^2\ (a^3-2a^2-3)$$
2° *Décomposer en facteurs le polynôme*
$$6a^3b^2c^5d+18a^4b^4c^4-36a^4b^3c^4$$
Les termes ont pour facteur commun $6a^3b^2c^4$; par suite, ce polynôme peut s'écrire
$$6a^3b^2c^4(cd+3ab^2-6ab)$$

III. — Multiplication des polynômes.

36. Règle. — *On obtient le produit de deux polynômes en multipliant le premier par chacun des termes du second, et en faisant la somme des résultats.*

Soit à faire le produit des deux polynômes
$$A=a-b$$
$$B=a'-b'$$

On a $\qquad AB = A(a'-b') = Aa' - Ab'$

ou bien en remplaçant A par sa valeur $a-b$,

$$AB = (a-b)\,a' - (a-b)\,b' = (a-b)\,a' + (a-b)\,(-b')$$

Ce résultat confirme la règle.

Application. — *Multiplier* $a^2 - 2ab + b^2$ *par* m—n.

D'après la règle, il faut d'abord multiplier $a^2 - 2ab + b^2$ par m, ce qui donne pour premier produit partiel

$$(a^2 - 2ab + b^2)\,m = a^2m - 2\,abm + b^2m$$

et multiplier ensuite $a^2 - 2ab + b^2$ par $-n$, ce qui donne pour deuxième produit partiel

$$(a^2 - 2ab + b^2)\,(-n) = -a^2n + 2abn - b^2n$$

Le produit cherché est la somme des deux produits partiels obtenus. Cette somme égale

$$a^2m - 2abm + b^2m - a^2n + 2abn - b^2n$$

37. Règle pratique. — *Dans la pratique, après avoir ordonné les deux polynômes de la même manière et par rapport à la même lettre, on les place l'un sous l'autre. Au-dessous du multiplicateur, on écrit les produits partiels du multiplicande par chaque terme du multiplicateur, de manière que les termes semblables de ces produits se correspondent, puis on fait la somme de ces produits.*

Application. — *Soit à trouver le produit des deux polynômes*
$$a^2 + b^2 - 2ab \text{ et } a^2 - b^2 + 4ab.$$

Les deux polynômes ordonnés par rapport aux puissances décroissantes de a sont placés d'après la règle, comme l'indique le tableau ci-dessous :

$$
\begin{array}{l}
a^2 - 2ab + b^2 \\
a^2 + 4ab - b^2 \\
\hline
a^4 - 2a^3b + a^2b^2 \\
\quad + 4a^3b - 8a^2b^2 + 4ab^3 \\
\qquad\qquad - a^2b^2 + 2ab^3 - b^4 \\
\hline
a^4 + 2a^3b - 8a^2b^2 + 6ab^3 - b^4
\end{array}
$$

Pour multiplier le polynôme $a^2 - 2ab + b^2$ par a^2, on dit :
$$a^2 \times a^2 = a^4, \quad -2ab \times a^2 = -2a^3b, \quad b^2 \times a^2 = a^2b^2$$

Le premier produit partiel est, par suite,
$$a^4 - 2ab^3 + a^2b^2$$

que l'on écrit sous le multiplicateur.

On obtient le produit de $a^2 - 2ab + b^2$ par $4ab$ en disant :
$$a^2 \times 4ab = 4a^3b, \quad -2ab \times 4ab = -8a^2b^2, \quad b^2 \times 4ab = 4ab^3,$$

ce qui donne pour second produit partiel
$$4a^3b - 8a^2b^2 + 4ab^3$$

On écrit ce polynôme sous le produit partiel précédent en faisant correspondre les termes semblables.

Enfin, on forme le troisième produit partiel par la multiplication de $a^2 - 2ab + b^2$ par $-b^2$, en disant :
$$a^2 \times (-b^2) = -a^2b^2, \quad -2ab \times (-b^2) = 2ab^3, \quad b^2 \times (-b^2) = -b^4$$

Le produit qui en résulte est
$$-a^2b^2 + 2ab^3 - b^4$$

Après l'avoir écrit sous les deux autres produits partiels déjà trouvés, on fait la somme de ces trois polynômes.

La somme obtenue

$$a^4 + 2a^3b - 8a^2b^2 + 6ab^3 - b^4$$

est le produit cherché.

38. Remarque. — Le DEGRÉ DU PRODUIT de plusieurs monômes par rapport à une lettre, est la SOMME des degrés des monômes par rapport à cette lettre.

Le DEGRÉ DU PRODUIT de plusieurs polynômes est la SOMME des degrés de ces polynômes.

IV. — Formules remarquables.

39. Carré d'un binôme. — *Le carré d'un binôme se compose de trois parties qui sont : 1° le carré du premier terme ; 2° le carré du second terme ; 3° le double produit des deux termes.*

Cela résulte de l'égalité

$$(a+b)^2 = (a+b)(a+b) = a^2 + b^2 + 2ab$$

Applications. — 1° *Former le carré de* $4x^3 + 5$.

D'après la règle précédente, on a :

$$(4x^3+5)^2 = (4x^3)^2 + 5^2 + 2.4x^3.5 = 16x^6 + 25 + 40x^3$$

2° *Faire le carré de* $5x^2 - 7b^3$.

On a :

$$(5x^2 - 7b^3)^2 = (5x^2)^2 + (-7b^3)^2 + 2.5x^2(-7b^3) = 25x^4 + 49b^6 - 70x^2b^3$$

40. Produit de la somme de deux nombres par leur différence. — *Le produit de la somme de deux nombres par par leur différence est égal à la différence des carrés de ces deux nombres.*

En effet, on a par multiplication :

$$(a+b)(a-b) = a^2 + ab - ab - b^2 = a^2 - b^2$$

Applications. — A cause de cette règle, on peut écrire :

1° $(5a - 3b^2)(5a + 3b^2) = (5a)^2 - (3b^2)^2 = 25a^2 - 9b^4$
2° $a^2 - 1 = (a+1)(a-1)$
3° $a^4 - b^4 = (a^2 + b^2)(a^2 - b^2) = (a^2 + b^2)(a+b)(a-b)$
4° $4x^2y^2 - 64z^4 = (2xy + 8z^2)(2xy - 8z^2)$
5° $(a+1)^2 - a^2 = (a+1+a)(a+1-a) = 2a+1$

41. Cube d'un binôme. — *Le cube d'un binôme se compose de la somme des cubes des deux termes, et de trois fois le produit des deux termes multiplié par leur somme.*

En effet, le cube de $a+b$ est

$$(a+b)(a+b)(a+b) = a^3 + b^3 + 3a^2b + 3ab^2 = a^3 + b^3 + 3ab(a+b)$$

Applications. — D'après cette règle, on a :

1° $(2a^2+5b)^3=(2a^2)^3+(5b)^3+3.2a^2.5b(2a^2+5b)$

ou $(2a^2+5b)^3=8a^6+125b^3+60a^4b+150a^2b^2$

2° $(5x^3-3y^2)^3=(5x^3)^3+(-3y^2)^3+3.5x^3(-3y^2)(5x^3-3y^2)$

ou, en développant

$$(5x^3-3y^2)^3=125x^9-27y^6-225x^6y^2+135x^3y^4$$

42. Autres formules remarquables :

$$(1)\quad (a-b)(a^2+ab+b^2)=a^3-b^3$$
$$(2)\quad (a+b)(a^2-ab+b^2)=a^3+b^3$$
$$(3)\quad (a+1)^3-a^3=3a^2+3a+1=3a(a+1)+1$$
$$(4)\quad (a+b+c)^2=a^2+b^2+c^2+2ab+2ac+2bc$$

Les formules (1) et (2) prouvent que a^3-b^3 et a^3+b^3 sont divisibles respectivement par $a-b$ et $a+b$.

La formule (3) montre que la différence des cubes de deux nombres qui diffèrent de l'unité, est égale à trois fois le produit des deux nombres augmenté de 1.

La formule (4) fait voir que le carré d'un polynôme se compose de la somme des carrés de ses termes, et de la somme des doubles produits deux à deux de tous les termes.

EXERCICES SUR LA MULTIPLICATION ALGÉBRIQUE

Effectuer les opérations indiquées :

88. $(a+1)a^2$

89. $(-a^3+a-1)(-a^3)$

90. $(4a^2-a^3)a^4$

91. $(1-2xy+5x^2)(-4xy^3)$

92. $(a^3-3a^2b+3ab^2-b^3)(-2a^2b^3c)$

93. $(x^3-x^2+x-1)(-x^2)$

94. $(3a+b-4c)7a^2$

95. $(a^4-b^4-a^4b^4)(-ab)$

96. $(11ab-10a^2+8b^2)(-3a^2b^3)$

Effectuer les opérations indiquées :

97. $(a+x)(a+2x)$

98. $(x-1)(x-2)$

99. $(x+10)(x-12)$

100. $(a+b)(x-y)$

101. $(a+b-c)(a-b)$

102. $(x^2-1)(x^4+1)$

103. $(a^2+b^2-c^2)(a^2-b^2+c^2)$

104. $(b-4a^2+3a^2b)(b-4a^2)$

105. $(5-3a)(6+2a-7b)$

106. $(x^2+y^2-xy)(x^2-y^2+xy)$

107. $(a+b)(a-b)(a-1)$

108. $(2x-1)(1-3x)(1-x)$

Effectuer après ordination des polynômes :

109. $(2ab+b^2+a^2)(b^2+a^2-2ab)$

110. $(1+a^2-a-a^3)(a+1-a^2+a^3)$

111. $(a^4+1+a^2+a)(1-a)$

112. $(-1+a^5+a-a^4-a^2+a^3)(a+1)$

Développer et réduire :

113. $(x+4)^2$

114. $(x-7)^2$

115. $(a+5)^2$

116. $(2a-1)^2$

117. $(a^2+2)^2$

118. $(a^2+b^2)^2$

119. $(2a^2-3b^3)^2$

120. $(5a^4b-7ab^3)^2$

121. $\left(1+\dfrac{1}{x}\right)^2$

122. $\left(1+\dfrac{1}{x^2}\right)^2$

123. $\left(2a+\dfrac{1}{4}\right)^2$

124. $(a+1)^2-(a^2+1)$ **128.** $(2a+b)^3$
125. $(a+n)^2-(a^2+n^2)$ **129.** $(a-3b)^3$
126. $(a+1)^3$ **130.** $(x+5)^3$
127. $(a-1)^3$ **131.** $(4x^2-1)^3$

Décomposer en facteurs les expressions suivantes :

132. a^2+a **141.** $100-9$
133. $a-ab$ **142.** a^2-b^2
134. $6a^2-12a^2b-24a^4$ **143.** a^2-1
135. $25a^2+35a^4-45a^5$ **144.** a^4-b^4
136. $a^3b^2-2a^3b$ **145.** $(a+1)^2-1$
137. $460a^2x^5y^4-130a^4x^5y^3$ **146.** $a^{16}-b^{16}$
138. $2x-5x^2$ **147.** $a^2+8a+16$
139. $a^4+a^3-a^2$ **148.** $a^2-10a+25$
140. $152x^2-38x$ **149.** $a^{10}-a^8+a^6-a^4$

CHAPITRE V

DIVISION ALGÉBRIQUE

I. — Règle des signes.

43. Règle des signes. — *Le quotient de deux nombres est positif ou négatif, selon que le dividende et le diviseur ont le même signe ou des signes contraires.*

En désignant respectivement par a, b, q, le dividende, le diviseur et le quotient d'une division on a :
$$a=bq$$
La règle des signes de la multiplication donne :
$$+a=(+b)\times(+q)$$
$$-a=(+b)\times(-q)$$
$$-a=(-b)\times(+q)$$
$$+a=(-b)\times(-q)$$
Ces quatre identités justifient la règle précédente.

Applications. — En appliquant cette règle, on peut écrire :
$$1° \quad (-10) : (-5)=2$$
$$2° \quad (-10) : 5=-2$$
$$3° \quad 10 : (-5)=-2$$

Remarque. — La théorie de la division présente quatre cas :

1° *Division de deux puissances d'une même lettre ;*
2° *Division de deux monômes ;*
3° *Division d'un polynôme par un monôme ;*
4° *Division de deux polynômes.*

II. — Division de deux puissances d'une même lettre.

44. Règle. — *Pour obtenir le quotient de deux puissances d'une même lettre, on donne à cette lettre un exposant égal à la différence entre l'exposant du dividende et celui du diviseur, en ayant soin d'observer la règle des signes.*

Soit à diviser a^8 par a^5. Le quotient cherché, multiplié par a^5, devant reproduire a^8, ne peut être que a^{8-5} ou a^3. On a donc :

$$a^8 : a^5 = a^{8-5} = a^3$$

Et, en général,

$$a^m : a^n = a^{m-n}$$

Applications. — D'après la règle précédente et celle des signes (43-44) on a :

1° $\quad (-a^7) : a^4 = -a^{7-4} = -a^3$
2° $\quad (-a^8) : -a^6) = +a^{8-6} = a^2$
3° $\quad a^m : (-a^n = -a^{m-n}$
4° $\quad b^9 : b^4 = b^{9-4} = b^5$

III. — Division des monômes.

45. Règle. — *Pour obtenir le quotient de deux monômes lorsque la division se fait exactement, on divise d'abord le coefficient du dividende par celui du diviseur ; à la suite de ce quotient, on écrit une seule fois chacune des lettres qui entrent au dividende, puis on affecte chacune d'elles d'un exposant égal à la différence des exposants dont elle est affectée au dividende et au diviseur.*

Soit à diviser $36a^5b^6c^7d$ par $4a^3b^4c^6$.

Le dividende étant le produit du diviseur par le quotient cherché, 36 est le produit de 4 par le coefficient du quotient ; ce coefficient est donc

$$36 : 4 = 9$$

De même,

a^5	est le produit de		a^3	par	a^{5-3}	ou	a^2
b^6	—	—	b^4	—	b^{6-4}	—	b^2
c^7	—	—	c^6	—	c^{7-6}	—	c
d	—	—	d^0	—	d^{1-0}	—	d

Le quotient cherche est, par suite,

$$9a^2b^2cd$$

Il est évident qu'on doit tenir compte de la règle des signes.

Application. — *Diviser* $21a^4b^3cd^4$ *par* $-7a^6b^2c$.

D'après la règle, on dira :

$$21 : (-7) = -3$$
$$a^6 : a^9 = a^0 = 1$$
$$b^3 : b^2 = b^{3-2} = b$$
$$c : c = c^0 = 1$$
$$d^4 = d^4$$

Le quotient est donc $-3bd^4$.

46. Cas où la division ne se fait pas exactement. — Lorsque la division ne se fait pas exactement, on se borne à mettre le quotient sous forme de fraction que l'on simplifie en divisant les deux monômes par leurs facteurs communs.

EXEMPLE : Diviser $16a^5b$ par $8a^6b^2c^2$.

Le quotient est

$$\frac{16a^5b}{8a^6b^2c^2}$$

Pour simplifier ce quotient, il suffit de diviser le dividende et le diviseur par leur diviseur commun $8a^5b$, ce qui donne

$$\frac{2}{abc^2}$$

pour le quotient cherché.

IV. — Division d'un polynôme par un monôme.

47. Règle. — *Pour obtenir le quotient d'un polynôme par un monôme, il suffit de diviser chaque terme du polynôme par le monôme et d'ajouter les résultats.*

Soit à diviser par m le polynôme $a-b+c-d$. Le quotient est

$$\frac{a}{m} - \frac{b}{m} + \frac{c}{m} - \frac{d}{m}$$

car en multipliant cette expression par m, on reproduit le dividende $a-b+c-d$.

Application. — *Trouver le quotient de la division de* $8a^5-4a^4b+28a^3b^2-12a^2b^3$ *par* $4a^2$.

D'après la règle (49), ce quotient est

$$\frac{8a^5}{4a^2} - \frac{4a^4b}{4a^2} + \frac{28a^3b^2}{4a^2} - \frac{12a^2b^3}{4a^2}$$

ou en simplifiant,

$$2a^3 - a^2b + 7ab^2 - 3b^3$$

48. Divisions impossibles. — Lorsque la division ne peut se faire exactement, on met le quotient sous forme de fractions que l'on simplifie. Ainsi le quotient de $a^5b^2-a^4b^3cd+a^6b^4c^3$ par $-a^6b^4c^3$ est

$$\frac{a^5b^2}{-a^6b^4c^3} - \frac{a^4b^3cd}{-a^6b^4c^3} + \frac{a^6b^4c^3}{-a^6b^4c^3}$$

ou en simplifiant,

$$-\frac{1}{ab^2c^3} + \frac{d}{a^2bc^2} - 1$$

V. — De l'exposant zéro.

49. Théorème. — *Toute quantité affectée de l'exposant zéro est égale à l'unité.*

D'après la règle (44), le quotient de a^{10} par a^{10} est $a^{10-10}=a^0$; mais a^{10} divisé par a^{10} donne l'unité pour quotient ; on peut donc écrire :

$$a^{10} : a^{10}=a^0=1$$

On aurait de même,

$$a^m : a^m=a^0=1$$

EXEMPLES : 1° $9^0=1$
2° $1000^0=1$
3° $(ax^2+bx+c)^0=1$
4° $3a^0-2+4b^0-d^0=3-2+4-1=4$

VI. — De l'exposant négatif.

50. Théorème. — *Toute quantité affectée d'un exposant négatif est équivalente à une fraction ayant l'unité pour numérateur, et pour dénominateur cette même quantité dont l'exposant est pris en signe contraire.*

On doit avoir, par exemple,

$$a^{-5}=\frac{1}{a^5}$$

Pour le démontrer, divisons a^3 par a^8. D'après la règle (44) on a
$$a^3 : a^8=a^{3-8}=a^{-5} \qquad (1)$$

D'autre part, le quotient de a^3 par a^8 ne change pas si l'on divise ces deux quantités par a^3, ce qui donne

$$a^3 : a^8=\frac{a^3 : a^3}{a^8 : a^3}=\frac{a^0}{a^5}=\frac{1}{a^5} \qquad (2)$$

A cause des égalités (1) et (2), on peut écrire

$$a^{-5}=\frac{1}{a^5}$$

et, en général

$$a^{-m}=\frac{1}{a^m}$$

EXEMPLES : 1° $a^{-3}=\dfrac{1}{a^3}$

2° $10^{-4}=\dfrac{1}{10^4}=\dfrac{1}{10000}$

3° $ab^{-2}=\dfrac{a}{b^2}$

4° $\dfrac{4}{a^5}=4a^{-5}$

EXERCICES SUR LES TROIS PREMIERS CAS
DE LA DIVISION

Effectuer les opérations indiquées :

150. $a^5 : (-a^3)$

151. $(-7^{11}) : (-7^5)$

152. $(-a^7) : (-a^4)$

153. $a^7 : a^4$

154. $-a^{17} : a^{11}$

155. $24a^5 : (-12a^4)$

156. $a^3b^4 : (-a^3b^3)$

157. $8a^5b^4c^2df^3 : (-4a^4b^3cdf^2)$

158. $ax^6y^6z^3 : 4a^2x^5y^4z^2$

159. $(-27a^7b^4c^3d^5) : (-25a^6b^4c^2d^5)$

160. $(a^2-a) : a$

161. $(a^4-3a^3+2a^2) : (-a^2)$

162. $(xy+y^2-yz) : y$

163. $(a-7a^2) : \dfrac{a}{7}$

164. $(4a^4-12a^3+4a) : (-4a)$

165. $(x^4y^2+x^3y^3-x^2y^4) : x^2y^2$

166. $(a^2bc-ab^3c-abc^3) : (-abc)$

167. $(3a^2b-3ab^2) : 3ab$

168. $(x^2yz-xyz^2) : (-xyz)$

169. $(x^2yz^3-x^2y^2z^2-x^3y^2z^2) : x^2yz^2$

170. $(6a^2-9a^5-18a^4+15a^3-36a^6) : (-3a^2)$

171. $(108x^2y^4z^6-81x^6y^3z^5+72x^4y^3z^5) : (-9x^2y^3z^3)$

172. $(36x^4y^5-24x^5y^6+72x^6y^6) : -\left(\dfrac{12}{11}x^4y^5\right)$

CHAPITRE VI

DIVISION DES POLYNOMES

I. — Division des polynômes entiers en x.

51. Définition. — Diviser un polynôme A entier en x par un autre polynôme B entier en x, c'est trouver un polynôme Q, aussi entier en x, tel que la différence A—BQ soit un polynôme de degré moindre que celui du diviseur B.

La différence A—BQ s'appelle reste de la division et se désigne par R.

On a, par suite,

$$A-BQ=R$$
$$A=BQ+R$$

52. Règle. — *Pour obtenir le quotient de deux polynômes entiers en* x :

1º *On ordonne ces deux polynômes selon les puissances décroissantes de* x ;

2º *On divise le premier terme du dividende par le premier terme du diviseur, et le résultat est le premier terme du quotient ;*

3º *Après avoir retranché du dividende le produit du diviseur dar le terme obtenu au quotient, on ordonne le reste qui est le premier dividende partiel ;*

4° La division du premier terme de ce dividende partiel par le premier terme du diviseur fournit le deuxième terme du quotient ;

5° Après avoir retranché du premier dividende partiel le produit du diviseur par le deuxième terme du quotient, on obtient pour reste le second dividende partiel, dont on divise le premier terme par le premier terme du diviseur, ce qui conduit au troisième terme du quotient ;

6° On continue ainsi jusqu'à ce qu'on trouve un dividende partiel nul ou de degré moindre que celui du diviseur.

Ce dernier dividende partiel est le reste de la division.

Soit à diviser le polynôme
$$A = 77x^5 - 49x^4 + 38x^3 - 75x^2 - 2x + 10$$
par le polynôme
$$B = 11x^2 - 7x - 4$$

Le quotient Q est un polynôme entier en x tel que si on le multiplie par le diviseur B, et si on lui ajoute le reste R, on obtient le dividende A ; de sorte qu'on peut écrire
$$A = B \times Q + R$$

Les trois polynômes A, B, Q, étant supposés ordonnés par rapport aux puissances décroissantes de x, on dispose les deux premiers comme pour une division arithmétique :

$$
\begin{array}{l|l}
77x^5 - 49x^4 + 38x^3 - 75x^2 - 2x + 10 & \underline{11x^2 - 7x - 4} \\
\underline{-77x^5 + 49x^4 + 28x^3} & 7x^3 + 6x \quad 3 \\
\qquad\quad 66x^3 - 75x^2 - 2x + 10 & \\
\qquad\quad 66x^3 + 42x^2 + 24x & \\
\qquad\qquad\quad -33x^2 + 22x + 10 & \\
\qquad\qquad\quad +33x^2 - 21x - 12 & \\
\qquad\qquad\qquad\qquad x - 2 &
\end{array}
$$

Le premier terme de A ou $77x^5$ étant exactement le produit du premier terme de B par le premier terme de Q (38), on obtiendra le premier terme du quotient en divisant $77x^5$ par $11x^2$, ce qui donne $7x^3$. En retranchant du dividende le produit du diviseur $11x^2 - 7x - 4$ par $7x^3$, le reste obtenu
$$66x^3 - 75x^2 - 2x + 10$$
représente le premier dividende partiel.

Ce dividende partiel est égal au produit du diviseur par les autres termes du quotient, augmenté du reste s'il y en a un.

Le premier terme $66x^3$ de ce dividende partiel est donc exactement le produit du premier terme $11x^2$ du diviseur par le deuxième terme du quotient ; on obtiendra ce deuxième terme en divisant $66x^3$ par $11x^2$, ce qui donne $6x$.

Après avoir retranché du premier dividende partiel le produit du diviseur par $6x$, on obtient
$$-33x^2 + 22x + 10$$
pour deuxième dividende partiel.

En raisonnant comme ci-dessus, on est amené à diviser $-33x^2$ par $11x^2$, ce qui fournit -3 pour troisième terme du quotient.

Le produit du diviseur par -3 étant retranché du deuxième dividende partiel, on obtient pour troisième dividende partiel, le polynôme $x-2$. Le degré de ce polynôme est moindre que celui du diviseur, par suite, la division devient impossible.

Le quotient de la division est donc :
$$7x^3+6x-3$$
avec un reste $x-2$.

53. Preuve de la division. — On fait la preuve de la division en multipliant le diviseur par le quotient, et en ajoutant le reste au produit : si l'opération est exacte, on doit retrouver le dividende :

Cela résulte de l'égalité
$$A=BQ+R$$

54. Applications. — 1° *Soit à diviser* x^3+a^3 *par* $x+a$.

Les polynômes étant ordonnés par rapport à x, on les dispose comme pour une division arithmétique :

$$
\begin{array}{rl|l}
x^3+a^3 & & \,x+a \\
-x^3-ax^2 & & \overline{x^2-ax+a^2} \\
\hline
\;-ax^2+a^3 & & \\
\;+ax^2+a^2x & & \\
\hline
\quad a^2x+a^3 & & \\
\quad -a^2x-a^3 & & \\
\hline
\qquad\quad 0 & &
\end{array}
$$

D'après la règle, on divse x^3 par x, ce qui donne x^2 pour premier terme du quotient que l'on écrit sous le diviseur.

Le produit du diviseur par le premier terme x^2 du quotient est
$$(x+a)x^2=x^3+ax^2$$
que l'on retranche du dividende. Le reste de la soustraction est
$$-ax^2+a^3$$
c'est le premier dividende partiel.

Le deuxième terme du quotient sera
$$-ax^2 : x=-ax$$
qu'on écrit à la suite du premier terme calculé x^2. Le produit du diviseur par $-ax$ est
$$(x+a)(-ax)=-ax^2-a^2x$$
que l'on retranche du premier dividende partiel. Le résultat
$$a^2x+a^3$$
est le deuxième dividende partiel.

Enfin le troisième terme du quotient sera
$$a^2x : x=a^2$$
Le produit du diviseur par a^2, ou
$$(x+a)a^2=a^2x+a^3$$
étant retranché du dividende partiel, donne 0 pour reste. Le quotient demandé est donc
$$x^2-ax+a^2$$

$2°$ Soit à diviser $2x^3-8ax^2+4a^2x-10a^3$ par $x-a$.

En disposant l'opération comme ci-dessus, il vient :

$$
\begin{array}{l|l}
2x^3-8ax^2+4a^2x-10a^3 & x-a \\
\underline{-2x^3+2ax^2} & \overline{2x^2-6ax-2a^2} \\
\quad -6ax^2+4a^2x-10a^3 & \\
\quad \underline{+6ax^2-6a^2x} & \\
\qquad -2a^2x-10a^3 & \\
\qquad \underline{+2a^2x-\ 2a^3} & \\
\qquad\quad -12a^3 &
\end{array}
$$

REMARQUE. — Si dans le polynôme dividende, on remplace x par a, on a :

$$2a^3-8a.a^2+4a^2.a-10a^3=$$
$$2a^3-8a^3+4a^3-10a^3=-12a^3.$$

Le résultat obtenu est égal au reste. Cette égalité n'est pas une simple coïncidence, mais elle est basée sur le théorème suivant.

II. — Divisibilité des polynômes entiers en x par les binômes de la forme x—a.

55. Théorème. — *Le reste de la division d'un polynôme P entier en* x, *par le binôme* x—a, *s'obtient en remplaçant* x *par* a *dans ce polynôme.*

Pour le démontrer, représentons respectivement par Q et R le quotient et le reste de la division de P par $x-a$, on a :

$$P=(x-a)Q+R$$

Cette égalité a lieu, quelque valeur que l'on attribue à x, parce que dans toute division quels que soient les lettres et les nombres qui composent ses termes, le dividende est toujours égal au produit du diviseur par le quotient, augmenté du reste.

On peut donc attribuer à x la valeur a. En remplaçant x par a, le produit $(x-a)$ Q devient nul, P prend une certaine valeur que nous désignerons par P_a et R ne change pas, attendu que le degré de ce reste étant moindre que celui du diviseur $x-a$, R ne contient pas x.

L'identité

$$P=(x-a)\ Q+R$$

se réduit donc à

$$P_a=R \quad \text{ou à} \quad R=P_a$$

Ce qu'il fallait démontrer.

56. Corollaire. — *Un polynôme est divisible par* x—a *lorsqu'il s'annule en remplaçant* x *par* a.

En remplaçant x par a dans l'identité

$$P=(x-a)\ Q+R$$

on a

$$R=P_a$$

Si $P_a=0$, il en résulte que $R=0$ et que, par suite, on a :

$$P=(x-a)\ Q$$

57. Applications. — $1°$ *Trouver le reste de la division* x^2+a^2 *par* x—a.

Il suffit de remplacer x par a dans le dividende qui devient

$$a^2+a^2=2a^2$$

On a donc

$$R=2a^2$$

2° *Trouver le reste de la division de* a^3-b^3 *par* $a-b$.

En remplaçant dans le dividende a par b, on obtient :
$$R=b^3-b^3=0$$
Le polynôme a^3-b^3 est donc divisible par $a-b$.

3° *Trouver le reste de la division de* $a^2+ab-a-b$ *par* $a+b$.

Le diviseur $a+b$ pouvant s'écrire $a-(-b)$, on obtiendra le reste de la division en remplaçant au dividende a par $-b$. On a, par suite,
$$R=(-b)^2+(-b)b-(-b)-b=b^2-b^2+b-b=0$$

4° *Trouver la valeur que* a *doit avoir pour que* $x-a$ *soit diviseur de* x^2+2x+1.

Pour que $x-a$ divise x^2+2x+1, il faut que ce dernier polynôme s'annule (56) pour $x=a$. Il faut donc que l'on ait :
$$a^2+2a+1=0 \qquad \text{ou} \qquad (a+1)^2=0.$$
Et en extrayant la racine carrée des deux membres
$$a+1=0 \qquad \text{d'où} \qquad a=-1$$
Ainsi, pour que $x-a$ divise x^2+2x+1, il faut que $a=-1$.

EXERCICES SUR LA DIVISION ALGÉBRIQUE

Effectuer les divisions suivantes :

173. $(a^3-b^3) : (a-b)$

174. $(a^3+b^3) : (a+b)$

175. $(x^3+y^3) : (x^2-xy+y^2)$

176. $(x^4-y^4) : (x-y)$

177. $(x^5-1) : (x-1)$

178. $(x^6-y^6) : (x^3-y^3)$

179. $(x^9+y^9) : (x^3+y^3)$

180. $(x^{12}-y^{12}) : (x^4-y^4)$

181. $(x^6-b^6) : (x^2-b^2)$

182. $(x^5+1) : (x+1)$

183. $(x^7-x^2) : (x^6-x)$

184. $(x^{15}-1) : (x^5-1)$

185. $(x^7-128) : (x-2)$

186. $\left(\dfrac{x^4}{81}-1\right) : \left(\dfrac{x}{3}+1\right)$

187. $(a^5-x^5) : (a-x)$

188. $(9x^6-16y^4) : (3x^3-4y^2)$

189. $(625x^8-256y^4) : (5x^2-4y)$

190. $(xy+x-y-1) : (x-1)$

191. $(a^2+ab-a-b) : (a+b)$

192. $(a^5-a^2b^3-a^3+b^3) : (a^2-1)$

193. $(x^3-2x^2+2x-1) : (x-1)$

194. $(x^4-y^4-x^3+y^3) : (x^2-y^2)$

195. $(32a^5-243y^5) : (2a-3y)$

196. $(a^2+2ab+b^2-1):(a+b)-1)$

CHAPITRE VII

DES FRACTIONS ALGÉBRIQUES

I. — Préliminaires.

58. Définitions. — On appelle *fraction algébrique* ou *rapport*, l'indication de la division de deux quantités algébriques quelconques.

L'expression $\frac{a}{b}$ est une fraction ou rapport.

Deux fractions sont *équivalentes* lorsqu'elles ont la même valeur numérique.

59. — Principe fondamental. — En arithmétique, on démontre le principe suivant, sur lequel repose la réduction des fractions :

Quand on multiplie ou qu'on divise les deux termes d'une fraction par une même quantité, on obtient une fraction équivalente.

Ainsi, si l'on multiplie par $4a$ les deux termes de la fraction $\frac{a}{b}$ on a l'égalité :

$$\frac{a}{b} = \frac{a \times 4a}{b \times 4a} = \frac{4a^2}{4ab}$$

60. Réductions des fractions. — On appelle réductions toutes les transformations que l'on peut faire subir aux fractions sans *altérer* leurs valeurs. On en distingue deux principales :
1° *La simplification des fractions* ;
2° *La réduction des fractions au même dénominateur.*

II. — Réductions des fractions.

61. Définitions. — Simplifier une fraction, c'est trouver une autre fraction algébrique équivalente dont les termes soient de degrés moindres.

62. Première règle. — *On simplifie une fraction en divisant ses deux termes par leurs facteurs communs.*

EXEMPLES : 1° *Soit à simplifier la fraction*

$$\frac{144a^5b^4c^3d}{36a^4b^5c^2}$$

Si l'on divise les deux termes de cette frction par le diviseur commun $36a^4b^4c^2$, la fraction ne change pas de valeur et devient

$$\frac{144a^5b^4c^3d : 36a^4b^4c^2}{36a^4b^5c^2 : 36a^4b^4c^2} = \frac{4acd}{b}$$

2° *Simplifier la fraction* $\dfrac{a^2-b^2}{a^4-b^4}$

On a $\qquad a^4 - b^4 = (a^2 + b^2)(a^2 - b^2)$

Dès lors, on peut écrire

$$\frac{a^2-b^2}{a^4-b^4} = \frac{a^2-b^2}{(a^2+b^2)(a^2-b^2)} = \frac{1}{a^2+b^2}$$

63. Deuxième règle. — *Pour réduire plusieurs fractions au même dénominateur, il suffit de multiplier les deux termes de chacune d'elles par le produit des dénominateurs de toutes les autres.*

Soient les fractions

$$\frac{a}{b} \qquad \frac{c}{d} \qquad \frac{m}{n}$$

En multipliant les deux termes de la première fraction par dn, les deux termes de la seconde par bn et les deux termes de la troisième par bd, aucune ne change de valeur (59), et elles deviennent :

$$\frac{adn}{bdn} \qquad \frac{bcn}{bdn} \qquad \frac{bdm}{bdn}$$

64. Remarque. — On prend pour dénominateur commun le dénominateur même de l'une des fractions données, lorsque ce dénominateur est un multiple des dénominateurs des autres fractions. Ainsi, pour réduire au même dénominateur les fractions

$$\frac{a}{a+b} \qquad \frac{b}{a-b} \qquad \frac{ab}{a^2-b^2}$$

on prendra a^2-b^2 pour dénominateur commun, car

$$(a^2-b^2)=(a+b)(a-b)$$

Pour effectuer cette réduction, on multiplie les deux termes de la première fraction par $a-b$ et les deux termes de la seconde par $a+b$; ces fractions deviennent alors

$$\frac{a(a-b)}{a^2-b^2} \qquad \frac{b(a+b)}{a^2-b^2} \qquad \frac{ab}{a^2-b^2}$$

III. — Addition et soustraction des fractions.

65. Règle de l'addition. — *Pour obtenir la somme de plusieurs fractions, on les réduit d'abord au même dénominateur, puis on fait la somme des numérateurs à laquelle on donne pour dénominateur le dénominateur commun.*

La somme des fractions

$$\frac{a}{n}, \quad \frac{c}{n}, \quad \frac{d}{n}, \quad \text{est évidemment} \quad \frac{a+c+d}{n}$$

car ces fractions représentent respectivement a fois, c fois et d fois la n^e partie de l'unité.

Application. — *Trouver la somme des trois fractions*

$$\frac{a}{2b} \qquad \frac{b}{2a} \qquad \frac{c}{3ab}$$

Pour additionner ces fractions, il faut d'abord les réduire au même dénominateur ; il suffit pour cela de multiplier respectivement par $3a$, $3b$ et 2 les deux termes de chacune d'elles. Elles deviennent

$$\frac{3a^2}{6ab} \qquad \frac{3b^2}{6ab} \qquad \frac{2c}{6ab}$$

Leur somme, d'après la règle, sera

$$\frac{3a^2+3b^2+2c}{6ab}$$

66. Règle de la soustraction. — *Pour obtenir la différence de deux fractions, on les réduit d'abord au même dénominateur, puis on fait la différence des numérateurs à laquelle on donne pour dénominateur le dénominateur commun.*

La différence des deux fractions

$$\frac{a}{n} \quad \text{et} \quad \frac{c}{n} \quad \text{est évidemment} \quad \frac{a-c}{n}$$

car cette différence doit renfermer a fois moins c fois la n^e partie de l'unité.

Application. — *Effectuer la soustraction suivante :*

$$\frac{2a}{a-b} - \frac{4b}{a+b}$$

En réduisant ces deux fractions au même dénominateur, on obtient :

$$\frac{2a}{a-b} - \frac{4b}{a+b} = \frac{2a(a+b)-4b(a-b)}{(a+b)\,(a-b)} = \frac{2a^2-2ab+4b^2}{a^2-b^2}$$

IV. — Multiplication et division des fractions.

67. Règle de la multiplication. — *Le produit de plusieurs fractions s'obtient en faisant le produit des numérateurs et celui des dénominateurs, et en indiquant la division du premier par le second.*

Soit à multiplier $\frac{a}{b}$ par $\frac{c}{d}$

On a :

$$\frac{a}{b} \times \frac{c}{d} = \frac{ac}{bd}$$

Application. — *Effectuer le produit suivant :*

$$\frac{3}{5} \times \frac{15a^4}{7b^4} \times \left(-\frac{11b^5}{9a^3}\right)$$

Le produit des numérateurs est

$$3 \times 15a^4 \times -(11b^5) = -495a^4b^5$$

et celui des dénominateurs,

$$5 \times 7b^4 \times 9a^3 = 315a^3b^4$$

Le produit cherché est donc

$$\frac{-495a^4b^5}{315a^3b^4} = -\frac{11ab}{7}$$

68. Règle de la division. — *On obtient le quotient de deux fractions en multipliant la fraction dividende par la fraction diviseur renversée.*

Soit à diviser $\frac{a}{b}$ par $\frac{c}{d}$

On doit avoir

$$\frac{a}{b} : \frac{c}{d} = \frac{a}{b} \times \frac{d}{c} = \frac{ad}{bc}$$

Application. — *Effectuer la division suivante* :

$$\frac{33a^4x^5y^6}{a^2-b^2} : \frac{22a^3x^4y^5}{a^4-b^4}$$

D'après la règle précédente, le quotient sera :

$$\frac{33a^4x^5y^6}{a^2-b^2} \times \frac{a^4-b^4}{22a^3x^4y^5} = \frac{33a^4x^5y^6(a^4-b^4)}{22a^3x^4y^5(a^2-b^2)} = \frac{3axy(a^2+b^2)}{2}$$

69. Fractions irrationnelles — Ce sont des fractions dont le dénominateur a un radical.

Il est souvent avantageux de rendre le dénominateur rationnel. Pour cela, on multiplie les deux termes de la fraction par un nombre convenablement choisi, de telle sorte que le radical disparaisse au dénominateur (Voir ci-après, N° 146).

70. Notions sur l'infini. — *Quand, dans une fraction, le dénominateur tend vers zéro, le numérateur n'étant pas nul, la fraction tend vers l'infini.*

EXEMPLE I. — Soit la fraction $\dfrac{8}{x}$.

Si nous donnons à x des valeurs *positives* de plus en plus petites : $10, 1, \dfrac{1}{10}, \dfrac{1}{100}, \dfrac{1}{1000}$, etc..., la fraction prend des valeurs *positives* de plus en plus grandes : $\dfrac{8}{10}, 8, 80, 800, 8000$, etc....;

Lorsque x tendra vers 0, la valeur de $\dfrac{8}{x}$ deviendra supérieure à n'importe quel nombre, et l'on aura :

$$\frac{8}{x} = +\infty.$$

EXEMPLE II. — Soit la fraction $\dfrac{8}{x-3}$.

Si nous donnons à x des valeurs *inférieures* à 3, et se rapprochant de plus en plus de 3, par exemple, $-97, -7, -5, -2, 0, 1, 2, 2\frac{1}{2}$, la fraction prend des valeurs *négatives* de plus en plus grandes : $-\dfrac{8}{100}, -\dfrac{8x}{10}$, $-1, -\dfrac{8}{5}, -\dfrac{8}{3}, -4, -8, -16$, etc. Lorsque la différence $x-3$, tendra vers 0, la valeur de $\dfrac{8}{x-3}$ restera négative et deviendra supérieure à n'importe quel nombre. On aura :

$$\frac{8}{x-3} = -\infty.$$

71. Remarque I. — Si dans l'exemple I, les valeurs de x sont *négatives*, à la limite on aura :

$$\frac{8}{x} = -\infty.$$

Si dans l'exemple 2 les valeurs de x sont *supérieures* à 3, et se rapprochent de plus en plus de 3, on a :

$$\frac{8}{x-3} = +\infty$$

72. Remarque II. — Si dans la fraction $\frac{8}{x-3}$, on suppose $x=3$, on obtient : $\frac{8}{0}$. Cette expression ne donne lieu à *aucun quotient*, car un quotient quelconque, multiplié par le diviseur 0, donnera un produit nul, et non pas égal à 8.

EXERCICES sur les FRACTIONS et sur les PROPORTIONS

Simplifier les fractions suivantes :

197. $\dfrac{a}{a^3}$

198. $\dfrac{4x^5}{12x^7}$

199. $\dfrac{64a^2}{32a^3}$

200. $\dfrac{ax^2}{5x^2}$

201. $\dfrac{a^4x^2}{a^5x^3}$

202. $\dfrac{8a^2b^3}{24a^3b^2}$

203. $\dfrac{32x^2y^4z^3}{16x^4y^3z^4}$

204. $\dfrac{27a^2b^2c^3d^4}{63a^3b^3c^4d^5}$

205. $\dfrac{532x^5y^4z^2}{644x^4y^3z^3u^2}$

206. $\dfrac{96a^5b^4c^3}{8a^2b^3c^4d}$

207. $\dfrac{25a^2b^5.15a^3b^6}{150a^6b^9}$

208. $\dfrac{72a^4b^2c^5d^2.abcd^3}{1296a^4b^4c^4d^5}$

209. $\dfrac{a^2-1}{a-1}$

210. $\dfrac{a+b}{a^2-b^2}$

211. $\dfrac{a^2+b^2}{a^4-b^4}$

212. $\dfrac{a^2-ab}{a^3-ab^2}$

Réduire au même dénominateur les fractions suivantes :

213. $5, \dfrac{a}{b}$

214. $\dfrac{a}{4}, \dfrac{b}{3}$

215. $4, \dfrac{a}{b}, -\dfrac{c}{d}$

216. $\dfrac{2}{3}, -a$

217. $\dfrac{a}{bc}, \dfrac{b}{ac}, \dfrac{-c}{ab}$

218. $\dfrac{a}{-bx}, \dfrac{-b}{ax^2}, \dfrac{c}{abx^3}$

219. $1, \dfrac{a}{x}, \dfrac{-a}{x^3}, -a^2$

220. $2, -1, \dfrac{1}{2a^2}, \dfrac{1}{-4a^4}$

221. $\dfrac{ab-a}{b+1}, \dfrac{ab+a}{b-1}$

222. $\dfrac{a}{a-b}, \dfrac{c}{a^2-b^2}$

223. $\dfrac{1}{a+b}, \dfrac{1}{a-b}, \dfrac{1}{a^2-b^2}$

Faire les additions et soustractions suivantes :

224. $\dfrac{2a}{5}+\dfrac{6a}{10}+a+\dfrac{4a}{5}$

225. $\dfrac{7x}{12a}+\dfrac{3x}{4a}+\dfrac{2x}{3a}+\dfrac{5x}{6a}$

226. $\dfrac{a+b}{4}+\dfrac{a-b}{6}$

227. $\dfrac{2a-b}{12}-\dfrac{b-2a}{24}-\dfrac{2a}{18}$

228. $\dfrac{x+b}{3}-b-\dfrac{b-x}{2}$

229. $\dfrac{a+b}{15a}-\dfrac{a-b}{3a}$

230. $\dfrac{13a-5b}{8}-\dfrac{7a-2b}{12}-\dfrac{3a}{10}$

231. $\dfrac{15x-4u}{12}+\dfrac{3x-4y}{7}-\dfrac{2x-y-u}{3}$

232. $\dfrac{3x+b+a}{5x}+\dfrac{7x-2b}{9x}-\dfrac{2x+b}{3x}$

233. $\dfrac{2x}{x^2-1}+\dfrac{1}{x+1}-\dfrac{1}{x-1}$

Réduire les expressions suivantes en une seule expression fractionnaire et simplifier :

234 $a+b-\dfrac{2b^2}{a-b}$

235. $1+\dfrac{a}{b}$

236. $a+\dfrac{c}{4}$

337. $a-\dfrac{a^2}{b}$

238. $a-b+\dfrac{c}{a^2}$

239. $\dfrac{1}{a}+\dfrac{1}{b}-\dfrac{1}{c}-1$

240. $\dfrac{1}{x^2+1}-\dfrac{1}{x^2-1}$

241. $x^2+x+1+\dfrac{1}{x^2-1}$

242. $\dfrac{2a}{a^2-1}-\dfrac{2a}{a^2+1}$

Effectuer les opérations indiquées et réduire :

243. $\dfrac{1}{a^2}\times\dfrac{a^2}{b}$

244. $a^2x^2\times\dfrac{4}{a^4x^4}$

245. $17\times\dfrac{1}{34a^2x}$

246. $\dfrac{2a}{3b^2}\times\dfrac{5b}{a^2}$

247. $\dfrac{3y^2}{4x^4}\left(-\dfrac{3x^2}{4y}\right)$

248. $\dfrac{a^2-b^2}{2x}\times\dfrac{4x^3}{a^4-b^4}$

249. $\dfrac{a+b}{2}\times\dfrac{1}{a^2-b^2}$

250. $\dfrac{2a}{a-b}\times\dfrac{a^2-b^2}{a^2}$

251. $\dfrac{6a}{a+1}\times\dfrac{a^2-1}{3a^2}$

252. $\dfrac{a}{a-1}\times\dfrac{a^2-1}{a}\times\dfrac{a}{a+1}$

253. $\dfrac{3a-6}{2a}\times\dfrac{3a^2}{a-2}$

254. $\dfrac{a^3-b^3}{ax}\times\dfrac{a^2+b^2}{a^2x^2}$

255. $\dfrac{c}{a}\left(a-\dfrac{a^2}{c}\right)$

Effectuer les opérations indiquées et réduire :

256. $a:\dfrac{m}{n}$

257. $\dfrac{a}{b}:\left(-\dfrac{2}{5}\right)$

258. $\dfrac{a^2}{b^3}:\dfrac{a^4}{b^4}$

259. $\dfrac{4a^2b^3}{c^5}:\dfrac{16a^3b^4}{c^6}$

260. $9a^2b:\left(-\dfrac{3a^4b^2}{c^3}\right)$

261. $x^2:\left(-\dfrac{x}{y}\right)$

262. $abcd:\dfrac{ab}{cd}$

263. $(x+y):\dfrac{x^2-y^2}{y}$

264. $\dfrac{a^2-b^2}{x+y}:\dfrac{a-b}{x^2-y^2}$

265. $\dfrac{171(x^2-y^2)}{19x^2-18xy-y^2}:\dfrac{9(x+y)}{y^2}$

266. $\dfrac{a^2-b^2}{x^2-y^2}:\dfrac{a+b}{x+y}$

DEUXIÈME PARTIE

RÉSOLUTION DES ÉQUATIONS DU PREMIER DEGRÉ

CHAPITRE PREMIER

RÉSOLUTION DES ÉQUATIONS DU PREMIER DEGRÉ A UNE INCONNUE

I. — Définitions.

73. Egalité. — On appelle *égalité* l'expression de deux quantités qui ont la même valeur numérique.

74. Identité. — On appelle *identité* une égalité évidente par elle-même, telle que

$$10 = 10 \qquad a + b = a + b$$

On appelle encore *identité* une égalité dont les deux membres prennent la même valeur numérique *quelles que soient les valeurs attribuées aux lettres qu'elle renferme.*

Ainsi l'expression

$$(a - b)^2 = a^2 - 2ab + b^2$$

est une identité, parce que si l'on remplace a et b par deux nombres quelconques, 10 et 1, par exemple, les deux membres prennent la même valeur numérique. On a, en effet,

$$(10 - 1)^2 = 10^2 - 2.10.1 + 1^2 = 100 - 20 + 1$$

ou
$$81 = 81$$

75. Equation. — On appelle *équation* une égalité qui n'a lieu que pour un nombre *limité* de valeurs attribuées aux lettres qu'elle renferme.

Ainsi l'égalité

$$5x-7=6x-14$$

est une équation, car ses deux membres ne deviennent identiques que pour $x=7$.

76. Inconnue. — Dans une équation, on distingue les termes connus, les *coefficients* et les *inconnues*.

Dans l'équation

$$11x-9=\frac{3x}{5}+43$$

les termes connus sont —9 et 43.

les coefficients sont les nombres connus 11 et $\frac{3}{5}$, l'inconnue est x.

L'inconnue est généralement une des dernières lettres de l'alphabet.

77. Racines d'une équation. — On appelle *racines* d'une équation, les valeurs des inconnues qui transforment l'équation en identité.

L'équation

$$x+30=11x$$

a 3 pour racine, car en remplaçant x par 3, cette équation devient l'identité

$$3+30=11\times3 \quad \text{ou} \quad 33=33$$

Résoudre une équation, c'est trouver ses racines.

Le *degré* d'une équation est la somme des exposants des inconnues dans le terme où cette somme est la plus grande.

Les degrés des équations suivantes

$$ax+b=c$$
$$x^2-9x+20=0$$
$$3x^2y^2-y^5+x-1=0$$

sont respectivement 1, 2 et 5.

II. — Principes sur les équations.

78. Principes généraux. — La résolution des équations repose sur les deux principes suivants :

1º *Une équation conserve les mêmes racines si l'on ajoute ou si l'on retranche une même quantité à ses deux membres ;*

2º *Il en est de même si l'on multiplie ou si l'on divise ses deux membres par une même quantité, pourvu que cette quantité ne soit ni nulle ni infinie.*

Il résulte de là les règles suivantes :

79. Règle pour la transposition des termes. — *Pour faire passer un terme d'une équation, d'un membre dans l'autre, on l'efface dans le membre où il se trouve, puis on l'écrit dans l'autre membre avec un signe contraire.*

Soit l'équation
$$5x-3=2x+12$$

Pour faire passer dans le deuxième membre le terme —3, on ajoute +3 aux deux membres de cette équation, qui devient
$$5x-3+3=2x+12+3$$

et, après simplification,
$$5x=2x+12+3$$

Pour faire passer dans le premier membre le terme $2x$, il suffit d'ajouter —$2x$ aux deux membres de la dernière équation, qui devient
$$5x-2x=2x+12+3-2x$$

et, après réduction,
$$5x-2x=12+3$$

Ce résultat confirme la règle énoncée.

80. Règle pour chasser les dénominateurs. — *Pour chasser les dénominateurs d'une équation, il suffit de multiplier chaque terme par le produit de tous les dénominateurs.*

Exemples. — 1° *Soit à faire disparaître les dénominateurs de l'équation*
$$\frac{3x}{4}-5=100-\frac{3x}{5}$$

Pour appliquer la règle, multiplions chaque terme par le produit 5×4 des dénominateurs, l'équation deviendra
$$\frac{3x\times5\times4}{4}-5\times5\times4=100\times5\times4-\frac{3x\times5\times4}{5}$$

ou bien
$$3x\times5-5\times5\times4=100\times5\times4-3x\times4$$

2° *Faire disparaître les dénominateurs de l'équation*
$$x-\frac{1}{3}=\frac{ax}{b}-\frac{x}{a}+1$$

Si l'on multiplie tous les termes de cette équation par le produit $3ab$ des dénominateurs, on obtient la nouvelle équation
$$3abx-\frac{3ab}{3}=\frac{3a^2bx}{b}-\frac{3abx}{a}+3ab$$

qui devient après simplification,
$$3abx-ab=3a^2x-3bx+3ab$$

81. Corollaire. — *On peut changer les signes de tous les termes d'une équation,* car cela revient à multiplier ses deux membres par —1.

III. — Résolution des équations du premier degré à une inconnue.

82. Règle. — Pour résoudre une équation du premier degré à une inconnue, il faut :

1° *Faire disparaître les dénominateurs et les parenthèses, s'il y en a ;*

2° *Faire passer dans un membre tous les termes inconnus, et dans l'autre tous les termes connus ;*

3° *Réduire les termes semblables et mettre l'inconnue en facteur ;*

4° *Diviser les deux membres par le coefficient de l'inconnue.*

Applications. — 1° *Résoudre l'équation*
$$4x-7=2x+25$$
En faisant passer $2x$ dans le premier membre et -7 dans le second, on a (79)
$$4x-2x=25+7$$
Après la réduction, cette équation devient
$$2x=32$$
En divisant ses deux membres par 2, on obtient
$$x=16$$
Cette valeur de x est la racine de l'équation donnée.

2° *Trouver la racine de l'équation*
$$\frac{x}{2}-\frac{5x}{7}=-54+\frac{3x}{4}$$
En chassant les dénominateurs, cette équation devient (80)
$$28x-40x=-3024+42x$$
Si l'on fait passer le terme $42x$ dans le premier membre, et si l'on réduit on obtient successivement :
$$28x-40x-42x=-3024$$
$$-54x=-3024$$
Enfin, si après avoir changé les signes des deux membres, on divise par 54, il vient :
$$x=\frac{3024}{54}=56$$
La racine cherchée est 56.

3° *Résoudre l'équation littérale*
$$ax-\frac{a}{c}=cx-\frac{c}{a}$$
En chassant les dénominateurs, cette équation devient
$$a^2cx-a^2=ac^2x-c^2$$
Si l'on transpose les termes de cette nouvelle équation, elle prend la forme
$$a^2cx-ac^2x=a^2-c^2$$
ou
$$x(a^2c-ac^2)=a^2-c^2$$
On tire de là :
$$x=\frac{a^2-c^2}{a^2c-ac^2}=\frac{(a+c)(a-c)}{ac(a-c)}=\frac{a+c}{ac}=\frac{a}{ac}+\frac{c}{ac}=\frac{1}{c}+\frac{1}{a}$$

ÉQUATIONS A RÉSOUDRE

267. $x-3=0$

268. $5x-15=0$

269. $5x=10$

270. $4x=10-x$

271. $3x-2=16$

272. $-49x=-98$

273. $40-y=y$

274. $6x=880-5x$

275. $46-2x=18$

276. $25=100-3z$

277. $15=90-3z$

278. $16x-1920=0$

279. $0=2x-80$

280. $4x+44=64$

281. $80+2x-136=0$

282. $9x=300+8x$

283. $12v-66=v$

284. $y=12y-44$

285. $720y-2157=y$

286. $48-3y=5y$

287. $504-x-14=0$

288. $8x=x+14$

289. $x=340-11x$

290. $4x-45=5-6x$

291. $2x+3-(4x-9)=4$

292. $5(4x-7)-(3x-1)2=-5$

293. $(3x-2)4-7=(4x-5)5-22$

294. $50x-11x=4x-51x$

295. $9(x+1)+7(3-x)-38=0$

296. $4(4x-1)+3(7-6x)=16x+8$

297. $6x-17=13(x-1)-4$

298. $4(x-4)-1=3(2x-7)$

299. $12(x-3)+1=6(x+1)-5$

300. $33=3(10x-5)+2(3x-10x)$

301. $(y-60)+3y+2(3y+y)=0$

302. $(2z-7)-(7-z)-2z=0$

303. $7x-(3x+2x)-x=0$

304. $40x-1-60x+6=0$

305. $10z-16(200-z)=960$

306. $0=27+v-4(3+v)$

307. $40-u-5(12-u)=0$

308. $4500+60v=50(100+v)$

309. $3(4z-3)-(39+60z)=0$

310. $0=2(6-9m)-(5+3m)$

311. $84-19y=-7(60+y)$

312. $x-4(99-11x)-1584=0$

313. $-264+10x=2x$

314. $10x=52x-1344$

315. $90x+36=96x$

316. $492-12x=0$

317. $87200-9x=100x$

318. $50+x=60+3x$

319. $495=2x-(1-9x+1)$

320. $2(25+x)-3(2x-46)=0$

321. $y-2=-5(39-y)-3$

322. $3z-5(100-3z)=400$

323. $v-5(v-20)=0$

324. $50z=50-80(1-z)$

325. $4(120000-z)+10(120000-z)=1176000$

326. $17x-(7x-5)-(7000-20000)-49000=0$

327. $2x-(x+2)-(x-2)=x-10$

328. $\dfrac{x}{4}=9$

329. $\dfrac{4}{x}=2$

330. $\dfrac{x}{3}+\dfrac{x}{7}=20$

331. $3x-11+\dfrac{5x}{2}=0$

332. $\dfrac{x}{3}+7=62$

333. $\dfrac{x}{4}-\dfrac{x}{5}=5$

334. $84-x=\dfrac{2x}{5}$

335. $3+x=\dfrac{27+x}{4}$

336. $\dfrac{x}{176-x}=\dfrac{3}{5}$

337. $x+\dfrac{x}{2}=15$

338. $\dfrac{9x-48}{x}=5$

339. $\dfrac{x}{15}-\dfrac{200-x}{10}-600=0$

340. $120=\dfrac{(x+100)12}{100}$

341. $\dfrac{12-x}{x}=\dfrac{5}{7}$

342. $x=\dfrac{8(x+45)}{11}$

343. $\dfrac{21}{5y}=\dfrac{22}{5}-3$

344. $\dfrac{4x-13}{3}+1=x$

345. $\dfrac{3x-7}{3x-17}=-1$

346. $\dfrac{x}{2}+\dfrac{x}{3}=\dfrac{x+9700}{40}$

347. $\dfrac{3x-1}{4}-\dfrac{2x-1}{5}=\dfrac{10x-13}{20}$

348. $\dfrac{5x-2}{6x+1}=\dfrac{5x+2}{6x-1}$

349. $\dfrac{x}{2}+\dfrac{x}{4}+\dfrac{x}{8}=7$

350. $0=x-872+\dfrac{9x}{100}$

351. $\dfrac{8x}{9}-\dfrac{5x}{6}-12=0$

352. $\dfrac{3x}{4}-\dfrac{3x}{5}-18=0$

353. $\dfrac{3x}{7}=10+\dfrac{x}{4}$

354. $x-\left(\dfrac{4x}{5}+15\right)=0$

355. $\dfrac{16y}{5}+\dfrac{3y}{2}=43+\dfrac{2y}{5}$

356. $\dfrac{y}{2}+\dfrac{y}{4}+\dfrac{y}{7}=y-12$

357. $\dfrac{z}{3}+\dfrac{2z}{7}+\dfrac{z}{4}+22-z=0$

358. $\dfrac{2v}{3}+7=v+3-\dfrac{v}{5}$

359. $2z-70=-\left(\dfrac{z}{2}+\dfrac{z}{4}+\dfrac{z}{6}\right)$

360. $\dfrac{4u}{5}+\dfrac{3u}{10}-\dfrac{u}{2}=24$

361. $u-\dfrac{2u}{3}+44=u+\dfrac{u}{4}$

362. $\dfrac{x-5}{9}=\dfrac{x-25}{5}$

363. $y-\dfrac{4y}{5}+39=y+\dfrac{y}{2}$

364. $9+\dfrac{7x-54}{5}=27-x$

365. $\dfrac{23-x}{5}+\dfrac{x-1}{7}+\dfrac{4-x}{4}=7$

366. $\dfrac{5y+3}{3}+\dfrac{3y-4}{7}-43+5y=0$

367. $3v-14+\dfrac{2v+7}{3}=\dfrac{5v-7}{2}$

368. $m-\dfrac{m}{2}=6+\dfrac{m}{8}$

369. $\dfrac{3x-2}{2x-3}\times 5=\dfrac{35}{3}$

370. $x-\dfrac{3x}{4}+\left(\dfrac{x-10}{4}\right)\dfrac{2}{3}=450$

371. $\dfrac{6}{x}-\dfrac{12}{2x}+\dfrac{144}{3x}=4$

372. $\dfrac{x}{a}=b$

373. $x-a=b$

374. $x-a=a-x$

375. $\dfrac{a}{x}=b$

376. $\dfrac{a}{x}=\dfrac{1}{b}$

377. $ax=b$

378. $ax-\dfrac{1}{b}=0$

379. $a+x=2x+b$

380. $ax+bx-c=0$

381. $\dfrac{x}{a}-1=0$

382. $\dfrac{x}{a}-1=3-\dfrac{x}{a}$

383. $\dfrac{a+x}{b}=\dfrac{b+x}{a}$

384. $\dfrac{1}{x-a}=\dfrac{3}{a-x}$

385. $\dfrac{ax-b}{c}=bx$

386. $\dfrac{x}{7}+\dfrac{x}{6}=m$

387. $ax-c+bx=2ax-d-4bx$

388. $\dfrac{x-b}{x-c}=\dfrac{a-b}{a-c}$

389. $\dfrac{x-a}{b}-\dfrac{x-b}{a}=\dfrac{l}{a}$

390. $\dfrac{x}{a}+\dfrac{x}{b}=c$

391. $a^2(a-x)-b^2(b+x)=abx$

392. $x-a+b(x-a)+a(c-x)+a^2-cx=0$

CHAPITRE II

RÉSOLUTION DES PROBLÈMES DU PREMIER DEGRÉ A UNE INCONNUE

I. — Mise en équation des problèmes.

83. Définition. — Mettre un problème en équation, *c'est exprimer* à l'aide de signes algébriques, les relations que l'énoncé suppose entre les nombres connus et les nombres inconnus du problème.

84. Règle pour la mise en équation. — *Pour mettre un problème en équation, on représente par une lettre chacune des quantités inconnues ; puis on indique, à l'aide des signes algébriques, toutes les opérations qu'il faudrait effectuer pour vérifier l'exactitude de la réponse, si elle était connue.*

Quelques exemples montreront la manière d'appliquer cette règle.

II. — Résolution de quelques problèmes.

85. Problème I. — *Quel est le nombre qui, augmenté de 20, devient triple de ce qu'il était d'abord?*

Soit x ce nombre. Si à x on ajoute 20, on doit obtenir trois fois le nombre demandé ou $3x$. De là l'équation du problème

$$x + 20 = 3x$$

En résolvant cette équation (82), on trouve

$$x = 10$$

Le nombre cherché est donc 10.

86. Problème II. — *Comment paierait-on une somme de 118 fr. avec 35 pièces, les unes de 5 fr., et les autres de 2 fr. ?*

Soit x le nombre des pièces de 5 fr.; le nombre des pièces de 2 fr. sera $35 - x$.

Les x pièces de 5 fr. valent $5x$ fr. et les $35 - x$ pièces de 2 fr. valent $(35 - x)\, 2$ fr. On peut donc écrire l'équation

$$5x + (35 - x)2 = 118$$

dont la racine est

$$x = 16$$

Il faut donner 16 pièces de 5 fr. et $35 - 16$ ou 19 pièces de 2 fr.

87. Problème III. — *Une personne a dépensé le dixième, les deux cinquièmes et le quart de son avoir avec 25 fr. Après cela, il ne lui reste rien. Combien cette personne avait-elle d'abord?*

Soit x l'avoir de cette personne ; elle a dépensé

$$\frac{x}{10}+\frac{2x}{5}+\frac{x}{4}+25 \text{ fr.}$$

Comme elle a tout dépensé, son avoir est exactement la somme de ses dépenses ; l'équation du problème est, par suite,

$$x=\frac{x}{10}+\frac{2x}{5}+\frac{x}{4}+25$$

En résolvant cette équation, on trouve

$$x=100$$

Cette personne possédait 100 fr.

88. Problème IV. — *Un père a 40 ans et son fils 15. Dans combien de temps l'âge du père sera-t-il le double de celui de son fils?*

Soit x le nombre des années qui s'écouleront avant que l'âge du père soit le double de celui de son fils. Lorsque le père aura atteint cet âge, il aura $40+x$, et le fils $15+x$.

On pourra donc écrire

$$40+x=2(15+x)$$

C'est l'équation du problème ; elle donne $x=10$.

Il est facile de vérifier que dans 10 ans, l'âge du père sera le double de celui du fils.

89. Problème V. — *Un train part de Paris pour Marseille avec une vitesse de 45 km. à l'heure. Une heure après, un autre train part de Paris à la poursuite du premier, avec une vitesse de 50 km. à l'heure. Dans combien de temps et à quelle distance de Paris aura lieu la rencontre?*

Soit x le nombre d'heures que mettra le second train pour atteindre le premier. Pendant ce nombre d'heures, le deuxième train parcourra $50 x$ et le premier train $45x$.

Le second train pour atteindre le premier, sera obligé de parcourir d'abord les 45 km. d'avance du premier, plus les $45x$ km. De sorte qu'on a

$$50x=45+45x$$

On tire de là

$$x=9$$

La rencontre se fera donc à $50\times9=450$ km. de Paris, et après 9 heures de marche.

90. Problème VI. — *Un négociant a placé deux capitaux à intérêts simples. Le premier rapporte 4 % par an, et le second, qui surpasse le premier de 4.000 fr., rapporte 5 %. Trouver ces deux capitaux, sachant que, après un an, si on les réunit à leurs intérêts, ils valent ensemble 20920 fr.*

Soit x le premier capital ; son intérêt annuel sera

$$\frac{x\times4}{100}$$

Le second capital ayant 4000 fr. de plus que le premier, sera $x+4000$ et son intérêt annuel vaudra

$$\frac{(x+4000)5}{100}$$

La somme des deux capitaux ou $x+(x+4000)$ ajoutée aux intérêts doit être égale à 20920 fr. On a donc l'équation

$$x+(x+4000)+\frac{x\times4}{100}+\frac{(x+4000)5}{100}=20920$$

La résolution de cette équation donne $x=8000$ fr.

Le premier capital est donc de 8000 fr., et le second de
$$8000 + 4000 = 12.000 \text{ fr.}$$

91. Problème VII. — *Un père distribue une certaine somme à ses enfants. Au premier, il donne a fr. et 1/n du reste ; au second, il donne 2a fr.
et 1/n du reste ; au troisième, il donne 3 a fr. et 1/n du reste, et ainsi de suite.
Sachant que tous les enfants ont reçu la même somme, on demande : 1° la
somme partagée ; 2° la part de chacun ; 3° le nombre des enfants.*

Soit x la somme partagée. La part du premier sera
$$a + \frac{1}{n}(x - a) \quad \text{ou} \quad \frac{na + x - a}{n}$$

Celle du second sera
$$2a + \frac{1}{n} \text{ du reste.}$$

Ce reste est x diminué de la part du premier et de $2a$, soit
$$x - \frac{na + x - a}{n} - 2a$$

La deuxième part est donc
$$2a + \frac{1}{n}(x - \frac{na + x - a}{n} - 2a)$$

ou, en réduisant,
$$\frac{2an^2 + nx - x + a - 3na}{n^2}$$

En égalant entre elles les parts des deux premiers enfants, on a
l'équation suivante :
$$\frac{na + x - a}{n} = \frac{2an^2 + nx - x + a - 3na}{n^2}$$

En résolvant cette équation, on obtient
$$x = an^2 - 2na + a = a(n^2 - 2n + 1) = a(n - 1)^2$$
La somme partagée est donc $a(n - 1)^2$.
La part commune est
$$\frac{na - a + x}{n} = \frac{na - a + a(n - 1)^2}{n} = a(n - 1)$$

Les nombre des enfants est égal au nombre des parts ou
$$\frac{a(n - 1)^2}{a(n - 1)} = n - 1$$

PROBLÈMES A RÉSOUDRE

393. On demande quel est le nombre dont le tiers et la moitié réunis font 860.

394. Quel est le nombre dont le 1/25 augmenté de 600 donne 1000 pour
somme ?

395. Quel est le nombre dont le tiers et le quart font 35 ?

396. Les 3/4 d'un nombre ajoutés à ses 5/6 font 494. Trouver ce nombre ?

397. Les 5/6 du prix d'une propriété diminués de 3.000 fr. valent
563.000 fr. Quel est le prix de cette propriété ?

398. Trouver un nombre dont le tiers et le quart diffèrent de 512 ?

399. Quel est le nombre dont les 3/8 diminués de 72 font 159 ?

400. Trouver la fortune d'un homme qui en a dépensé les 54/79 et
à qui il reste 7900 fr.

401. Quel est nombre qui surpasse ses 3/4 de 144?

402. Les 2/3 des 3/4 d'un nombre, augmentés de ses 8/9 valent 25. Trouver ce nombre.

403. Les 2/5 du prix d'un couteau ôtés de 12 fr., donnent un reste égal aux 4/5 de ce même prix. Trouver le prix du couteau.

404. Quel est le nombre dont la moitié augmentée de 30 est égale aux 3/4 de ce même nombre augmentés de 5?

405. En triplant le prix de la journée d'un ouvrier et en divisant le résultat par 7, on lui fait perdre 3 fr. Quel est le prix de la journée?

406. Un père laisse les 2/3 de ses biens à l'un de ses enfants, les 5/16 au second et 640 fr. au troisième. Trouver la somme partagée.

407. Si j'avais une somme égale encore à celle que j'ai, plus sa moitié, son quart et encore 1 fr., j'aurais 100 fr. Combien ai-je?

408. Quel nombre faut-il ajouter aux deux termes de la fraction 19/163 pour qu'elle devienne égale à 1/7?

409. Le double de mon âge augmenté de la moitié, des 2/5, des 3/10 de cet âge et de 40 font 200 ans. Trouver mon âge?

410. Sur un certain nombre d'oranges, on en a donné la moitié et mangé le dixième. Après cela, il en reste 200. Combien y en avait-il d'abord?

411. Quelle heure est-il, si ce qui reste du jour est égal aux 9/15 de ce qui s'en est écoulé?

412. Les 7/11 d'un nombre sont autant au-dessous de 40 que ses 3/4 sont au-dessus de 21. Quel est ce nombre?

413. Dans 3 ans 1/3, mon âge sera augmenté de son sixième. Quel est cet âge?

414. J'ai acheté une montre dont le triple du prix, ôté de 250 fr., donne un reste égal au double du même prix. Trouver le prix de cette montre.

415. Dans un verger on a planté un certain nombre nombre d'arbres dont la moitié en pommiers, le quart en poiriers et le sixième en pêchers; il y a en outre 50 cerisiers. Trouver le nombre des arbres plantés.

416. Un vigneron a vendu le tiers de sa récolte de vin, puis les 4/7 du reste. Combien avait-il récolté d'hectolitres de vin, s'il lui en reste encore 100 hectolitres?

417. Il me manque 3 fr. pour acheter une pochette de dessin ; si elle coûtait un tiers de moins, j'aurais 16 fr. de reste. Trouver le prix de cette pochette?

418. Trouver le nombre des élèves d'une classe, sachant que le tiers est appliqué à la lecture, le quart à l'écriture et que les 20 qui restent font des problèmes.

419. Un marchand a acheté 42 mètres de toile pour 336 fr. Combien doit-il vendre le mètre pour gagner 1/9 du prix de vente?

420. La somme de deux nombres est 32 et le plus petit est le septième du plus grand. Quels sont ces deux nombres?

421. La différence de deux nombres est 565, leur quotient est 5, et le reste de leur division est 85. Quels sont ces nombres?

422. Un jardinier laisse à son propriétaire la moitié des pêches qu'il a cueillies : il donne le quart du reste à son ami et rentre avec 6 pêches. Combien en avait-il cueilli?

423. Un cultivateur achète 24 moutons et autant d'agneaux ; un mouton coûte 8 fr. de plus qu'un agneau. Quel est le prix de chaque bête s'il a payé en tout 1152 fr.?

424. Un facteur disait : Si j'avais distribué le tiers, le quart et les 2/5 du double des lettres que le maître de postes a mises dans mon sac, plus 50 lettres j'en aurais distribué 640. Combien de lettres ce facteur a-t-il distribuées?

425. Un fermier a reçu 2400 fr. pour la vente d'un cheval et d'un mulet; le prix du mulet est les 7/8 du prix du cheval. Combien chaque animal a-t-il coûté?

426. Un père a 5 fois l'âge de son fils et dans 6 ans il n'aura plus que 3 fois cet âge. Trouver l'âge du père et celui du fils.

427. Partager 540 en deux parties proportionnelles à 5 et 4.

PROBLÈMES LITTÉRAUX

428. Partager un nombre a en deux parties telles que m fois la première plus n fois la seconde fassent ma.

429. Trouver deux nombres consécutifs dont la différence des carrés soit $4a+1$.

430. Quelle heure est-il, si ce qui reste du jour est égal à m fois ce qui s'en est écoulé?

431. Trouver un nombre dont le tiers et la moitié fassent $10a$.

432. Trouver un nombre qui ajouté séparément à a et $2a$, donne deux sommes qui soient dans le rapport de 2 à 3.

433. Trouver un nombre qui surpasse $2a$ d'autant que $3a/2$ surpasse le sixième de ce nombre.

CHAPITRE III

RÉSOLUTION DES ÉQUATIONS DU PREMIER DEGRÉ A PLUSIEURS INCONNUES

I. — Définitions.

92. Equations équivalentes. — On appelle *équations équivalentes* plusieurs équations qui ont les mêmes racines.

Ainsi les deux équations

$$\frac{x}{4}-15=\frac{x}{10} \qquad \text{et} \qquad \frac{3x}{5}=2x-140$$

sont équivalentes car elles ont la même racine $x=100$.

93. Système d'équations simultanées. — Lorsque plusieurs équations sont équivalentes, leur ensemble porte le nom de *système d'équations simultanées.*

Par exemple les trois équations équivalentes
$$x+y-z=8$$
$$x-y+z=12$$
$$y-x+z=16$$
forment un système d'équations simultanées, car elles sont toutes vérifiées *simultanément* pour
$$x=10, \quad y=12 \quad \text{et} \quad z=14.$$

94. Résolution d'un système. — Résoudre un système d'équations simultanées, c'est trouver les racines des équations de ce système. L'ensemble de ces racines s'appelle *solution* du système.

95. Élimination d'une inconnue. — Éliminer une inconnue entre plusieurs équations simultanées, c'est trouver un système équivalent au premier, qui ait une équation et cette inconnue de moins. Les principales méthodes d'élimination sont les suivantes :

1° *Élimination par substitution* ;
2° *Élimination par comparaison* ;
3° *Élimination par réduction.*

II. — Élimination par substitution.

96. Règle. — Pour résoudre un système d'équations par la méthode de substitution, on procède de la manière suivante :

1° *De l'une des équations données, on tire la valeur d'une inconnue en fonction des autres, et on la remplace par sa valeur dans toutes les autres équations ; on obtient ainsi un nouveau système ayant une inconnue et une équation de moins.*

2° *On continue de la sorte, jusqu'à ce qu'il ne reste plus qu'une seule équation à une inconnue que l'on résout.*

3° *On porte la valeur de cette inconnue dans l'une des deux équations du système précédent, ce qui fournit la valeur d'une nouvelle inconnue. En remontant ainsi jusqu'à la première valeur tirée, on obtient la solution de ce système.*

Applications. — 1° *Résoudre le système*
$$x+3y=92 \qquad\qquad 4x-y=56$$
En résolvant la première équation par rapport à x, ou en considérant y comme une quantité connue, on obtient
$$x=92-3y \qquad\qquad\qquad (1)$$
Portons cette valeur de x dans la seconde équation du système donné, elle deviendra
$$4(92-3y)-y=56 \qquad \text{ou} \qquad 13y=312$$
Cette dernière équation donne $y=24$.

Si l'on porte cette valeur de y dans l'équation (1), il vient
$$x = 92 - 3 \times 24 = 20$$
La solution du système donné est $x = 20$, $y = 24$.

2° *Résoudre le système*
$$2x - 3y + 4z = 20$$
$$4x + 2y - 3z = 11$$
$$3x + 4y + 2z = 53$$

On tire de la première équation
$$x = \frac{20 + 3y - 4z}{2} \qquad\qquad (1)$$

Portons cette valeur de x dans les deux autres équations ; elles deviennent :
$$4\left(\frac{20 + 3y - 4z}{2}\right) + 2y - 3z = 11$$
$$3\left(\frac{20 + 3y - 4z}{2}\right) + 4y + 2z = 53$$

ou, en simplifiant,
$$11z - 8y = 29$$
$$8z - 17y = -46$$

Ces deux équations ne contiennent plus que les deux inconnues y et z. La première donne
$$z = \frac{29 + 8y}{11} \qquad\qquad (2)$$

Substituons cette valeur à z dans l'équation
$$8z - 17y = -46$$
elle deviendra
$$8\left(\frac{29 + 8y}{11}\right) - 17y = -46$$
On tire de là
$$y = 6$$
Pour obtenir z, remplaçons y par 6 dans l'équation (2), nous aurons
$$z = \frac{29 + 8 \times 6}{11} = 7$$

En portant dans (1) les valeurs de z et de y, on trouve
$$x = \frac{20 + 3 \times 6 - 4 \times 7}{2} = 5$$

Le système donné a donc pour solution :
$$x = 5, \qquad y = 6 \qquad z = 7$$

III. — Elimination par comparaison.

97. Règle. — Pour résoudre un système d'équations par la méthode de comparaison, on procède de la manière suivante :

1° *On tire la valeur d'une même inconnue dans toutes les équations qui la contiennent, puis on égale entre elles ces valeurs deux à deux. On obtient ainsi un système qui a une équation et une inconnue de moins que le proposé.*

2° *On continue de même jusqu'à ce qu'il n'y ait plus qu'une seule équation à une seule inconnue.*

Applications. — *Résoudre le système*
$$4x-3y=4 \qquad 3x+4y=78$$

En tirant la valeur de x dans chaque équation, on trouve
$$x=\frac{4+3y}{4} \tag{1}$$
$$x=\frac{78-4y}{3}$$

Ces deux valeurs étant égales, il en résulte l'équation
$$\frac{4+3y}{4}=\frac{78-4y}{3}$$

dont la racine est $y=12$

Nous aurons x, en portant la valeur de y dans l'une des équations (1) qui sont résolues par rapport à x. La première donne
$$x=\frac{4+3\times12}{4}=10$$

Le système proposé a dès lors pour solution
$$x=10, \qquad y=12$$

2° *Résoudre le système*
$$x-2y+3z=8$$
$$2x-3y+z=-1$$
$$3x-y+2z=11$$

Les valeurs de x tirées de ce système sont :
$$x=8+2y-3z$$
$$x=\frac{-1+3y-z}{2}$$
$$x=\frac{11+y-2z}{3} \tag{1}$$

En les égalant deux à deux, on obtient les deux équations
$$8+2y-3z=\frac{-1+3y-z}{2}$$
$$8+2y-3z=\frac{11+y-2z}{3}$$

qui se réduisent aux suivantes :
$$y-5z=-17 \qquad 5y-7z=-13$$

Les valeurs de y tirées de ce nouveau système sont :
$$y=5z-17$$
$$y=\frac{7z-13}{5} \tag{2}$$

Ces deux valeurs donnent l'équation
$$5z-17=\frac{7z-13}{5}$$

dont la racine est $z=4$

Pour cette valeur de z, la première des équations (2) devient
$$y=5z-17=5\times4-17=3$$

Pour $y=3$ et $z=4$, la première des équations (1) donne
$$x=8+2y-3z=8+2\times3-3\times4=2$$

La solution du système proposé est dès lors
$$x=2, \qquad y=3, \qquad z=4.$$

IV. — Elimination par réduction.

98. Règle. — Pour résoudre un système par la méthode de réduction, il faut :

1º *Donner à une même inconnue le même coefficient dans toutes les équations ; puis additionner ou soustraire ces équations deux à deux, de manière que cette inconnue disparaisse. Il résulte de là un système qui a une inconnue et une équation de moins que le proposé.*

2º *En continuant ainsi, on finit par obtenir une équation qui n'a plus qu'une inconnue.*

APPLICATIONS. — *Résoudre le système d'équations .*

$$x-2y=8 \qquad (1)$$
$$3x+y=66 \qquad (2)$$

Donnons à y le même coefficient dans les deux équations ; pour ce multiplions par 2 les deux membres de la seconde. Elle devient

$$6x+2y=132 \qquad (3)$$

En additionnant les équations (1) et (3), les termes en y disparaissent et l'on obtient

$$x-2y+6x+2y=8+132$$

ou bien
$$7x=140$$

Dé cette équation, on tire $x=20$.

Cette valeur de x portée dans (2) donne

$$y=66-3x=66-3\times20=6$$

La solution du système est, par suite,

$$x=20 \qquad y=6$$

2º *Résoudre le système*

$$2x+3y+z=8$$
$$5x-2y-2z=1$$
$$11x+4y+5z=19$$

Pour donner à z le même coefficient dans ces trois équations, il faut multiplier chacune d'elles par le produit des coefficients de z dans les deux autres équations. On a ainsi à multiplier les trois équations respectivement par 2×5, 5, 2, et l'on obtient :

$$20x+30y+10z=80$$
$$25x-10y-10z=5 \qquad (1)$$
$$22x+8y+10z=38$$

En additionnant séparément les deux premières et les deux dernières on arrive au nouveau système :

$$45x+20y=85$$
$$47x-2y=43$$

ou bien au suivant :

$$9x+4y=17$$
$$47x-2y=43 \qquad (2)$$

On voit qu'en ajoutant ces deux équations après avoir au préalable doublé les deux membres de la seconde, les termes en y se détruiront ; ce qui donne l'équation

$$103x=103$$

dont la racine est $x=1$.

Pour cette valeur de x, la première des équations (2) devient

$$9.1 + 4y = 17$$

sa racine est $y = 2$.

Pour $x = 1$ et $y = 2$, la première équation donnée se réduit à

$$2.1 + 3.2 + z = 8$$

d'où $z = 0$.

La solution cherchée est donc :

$$x = 1 \qquad y = 2 \qquad z = 0$$

V. Résolution de quelques systèmes à l'aide d'artifices particuliers.

99. Système I.

$$\begin{aligned}
x + y + z + u &= a \\
x + y + z - u &= b \\
x + y - z + u &= c \\
x - y + z + u &= d
\end{aligned}$$

Il est évident que si de la première équation on retranche, membre à membre, chacune des autres équations, on élimine chaque fois trois inconnues. On obtient ainsi successivement :

$$(x + y + z + u) - (x + y + z - u) = a - b$$

d'où

$$u = \frac{a - b}{2}$$

$$(x + y + z + u) - (x + y - z + u) = a - c$$

$$z = \frac{a - c}{2}$$

$$(x + y + z + u) - (x - y + z + u) = a - d$$

$$y = \frac{a - d}{2}$$

En portant ces valeurs de u, y, z, dans la première équation, il vient

$$x = a - \frac{a - b}{2} - \frac{a - c}{2} - \frac{a - d}{2} = \frac{b + c + d - a}{2}$$

La solution de ce système est donc :

$$x = \frac{b + c + d - a}{2}, \quad y = \frac{a - d}{2}, \quad z = \frac{a - c}{2}, \quad u = \frac{a - b}{2}$$

100. Système II.

$$\begin{aligned}
x + y + z + u &= a \\
y + z + u + v &= b \\
z + u + v + x &= c \\
u + v + x + y &= d \\
v + x + y + z &= f
\end{aligned}$$

En additionnant ces cinq équations, on obtient

$$4x + 4y + 4z + 4u + 4v = a + b + c + d + f$$

ou bien

$$x + y + z + u + v = \frac{a + b + c + d + f}{4}$$

De cette équation, retranchons successivement chacune des proposées, on aura :

$$1° \ (x + y + z + u + v) - (x + y + z + u) = \frac{a + b + c + d + f}{4} - a$$

$$v = \frac{b + c + d + f - 3a}{4}$$

$$2° \quad (x+y+z+u+v)-(y+z+u+v)=\frac{a+b+c+d+f}{4}-b$$

$$x=\frac{a+c+d+f-3b}{4}$$

$$3° \quad (x+y+z+u+v)-(u+v+x+y)=\frac{a+b+c+d+f}{4}-c$$

$$y=\frac{a+b+d+f-3c}{4}$$

$$4° \quad (x+y+z+u+v)-(u+v+x+y)=\frac{a+b+c+d+f}{4}-d$$

$$z=\frac{a+b+c+f-3d}{4}$$

$$5° \quad (x+y+z+a+v)-(v+x+y+z)=\frac{a+b+c+d+f}{4}-f$$

$$u=\frac{a+b+c+d-3f}{4}$$

101. Système III. $\quad \dfrac{1}{x}+\dfrac{1}{y}=a, \quad \dfrac{1}{x}+\dfrac{1}{z}=b, \quad \dfrac{1}{y}+\dfrac{1}{z}=c$

L'addition membre à membre de ces équations donne

$$\frac{2}{x}+\frac{2}{y}+\frac{2}{z}=a+b+c \qquad \text{ou} \qquad \frac{1}{x}+\frac{1}{y}+\frac{1}{z}=\frac{a+b+c}{2}$$

En retranchant successivement de cette dernière chacune des proposées, on aura :

$$\frac{1}{z}=\frac{a+b+c}{2}-a \qquad \text{d'où} \qquad z=\frac{2}{b+c-a}$$

$$\frac{1}{y}=\frac{a+b+c}{2}-b \qquad \text{—} \qquad y=\frac{2}{a+c-b}$$

$$\frac{1}{x}=\frac{a+b+c}{2}-c \qquad \text{—} \qquad x=\frac{2}{a+b-c}$$

102. Système IV. $\quad \dfrac{x}{a}=\dfrac{y}{b}=\dfrac{z}{c} \qquad x+y+z=m$

La suite des rapports égaux donne

$$\frac{x}{a}=\frac{y}{b}=\frac{z}{c}=\frac{x+y+z}{a+b+c}=\frac{m}{a+b+c}$$

On tire de là les équations suivantes :

$$\frac{a}{x}=\frac{m}{a+b+c} \qquad \text{d'où} \qquad x=\frac{am}{a+b+c}$$

$$\frac{y}{b}=\frac{m}{a+b+c} \qquad \text{—} \qquad y=\frac{bm}{a+b+c}$$

$$\frac{z}{c}=\frac{m}{a+b+c} \qquad \text{—} \qquad z=\frac{cm}{a+b+c}$$

SYSTÈME D'ÉQUATIONS SIMULTANÉES A RÉSOUDRE

434. $\quad x+y=9$
$\qquad x-y=1$

435. $\quad u-v=6$
$\qquad u+v=80$

436. $\quad 3x+2y=32$
$\qquad 3x-4y=-10$

437. $\quad 2x+y=7$
$\qquad 5x-3y=1$

438. $6x+7y=79$
$5x-11y=49$

439. $4x+3y=40$
$6x+7y=100$

440. $7z+2u=31$
$5z+3u=30$

441. $93-21v=6z$
$60-10v=6z$

442. $5u-(8z+16)=0$
$3u+(2z-30)=0$

443. $4x-5y=45$
$7x-3y=96$

444. $x+y=22$
$x-2y=1$

445. $4y-6z+10=0$
$8y+18z-70=0$

446. $9x+3y=48$
$9x-5y=16$

447. $15x-8y=185$
$7x-8y=65$

448. $\dfrac{x}{2}=2$
$2x-y=12$

449. $\dfrac{1}{x-y}=12$
$\dfrac{y}{x}=\dfrac{8}{9}$

450. $5x-\dfrac{2}{3}y=434$
$7x+3y=997$

451. $\dfrac{7x}{3}-2y=29$
$\dfrac{x}{4}+\dfrac{y}{3}=4,75$

452. $\dfrac{y}{2}-\dfrac{x}{5}-2=0$
$\dfrac{3y}{4}-\dfrac{2x}{5}-2=0$

453. $\dfrac{3y}{4}-\dfrac{2x}{5}-1=0$
$2x+3y-22=0$

454. $3y+5x=126245$
$\dfrac{x}{y}=\dfrac{4}{5}$

455. $x-y=1$
$\dfrac{2x}{5}+\dfrac{3y}{4}=5$

456. $x-y=1$
$\dfrac{3x}{4}-y=2$

457. $\dfrac{x}{y}=\dfrac{3}{4}$
$5x-4y=-3$

458. $\dfrac{x}{3}+\dfrac{y}{2}=\dfrac{4}{3}$
$\dfrac{x}{y}=\dfrac{1}{2}$

459. $\dfrac{x+y}{4}+\dfrac{x-y}{2}=3$
$12x-7y=33$

460. $\dfrac{x+y}{5}=\dfrac{x-y}{3}$
$\dfrac{x}{2}=y+2$

461. $\dfrac{x+1}{y}=\dfrac{1}{4}$
$\dfrac{x}{y+1}=\dfrac{1}{5}$

462. $2x+\dfrac{y-2}{5}=21$
$4y+\dfrac{x-4}{6}=29$

463. $x-y=2$
$\dfrac{x}{y}=\dfrac{5}{3}$

464. $\dfrac{x}{y}=\dfrac{1}{4}$
$y=5x-2$

465. $10z-5v-100=0$
$\dfrac{z}{v}=5,5$

466. $\dfrac{3x}{4}-\dfrac{4u}{5}-14=0$
$\dfrac{x}{10}+\dfrac{5u}{4}-29=0$

467. $\dfrac{v}{5}+1=\dfrac{t}{4}+2$
$\dfrac{3t+16}{5}=\dfrac{2v-6}{3}$

468. $\dfrac{3x}{10}-9=\dfrac{y}{3}$
$\dfrac{x}{4}+\dfrac{y}{3}=13$

469.
$$\frac{z+u}{4}+\frac{z-u}{2}=3$$
$$\frac{z+u}{4}-\frac{z-u}{2}=1$$

470.
$$\frac{z+1}{v}=\frac{1}{4}$$
$$\frac{z}{v+1}=\frac{1}{5}$$

471.
$$x+\frac{y-2}{10}=\frac{134}{5}$$
$$y-\frac{x-4}{24}=\frac{153}{8}$$

472.
$$x+\frac{y}{6}=\frac{55}{18}$$
$$\frac{x}{y}=9$$

473.
$$3(x+y)+4(x-y)=120$$
$$3(x+y)-4(x-y)=120$$

474.
$$x+y=2a$$
$$x-y=2b$$

475.
$$x+2y=a$$
$$x+3y=b$$

476.
$$x+y=a.$$
$$\frac{1}{c}=\frac{x}{a}+\frac{y}{b}$$

477.
$$x+2y=a$$
$$y=bx$$

478.
$$\frac{x}{a}-y=1$$
$$\frac{y}{b}-x=1$$

479.
$$\frac{x}{b}+\frac{y}{a}=2$$
$$ax=by$$

480.
$$x+y=a$$
$$bx-cy=a(b-c)$$

481.
$$x+y=a+b$$
$$ax+by=2ab$$

482.
$$ax=2by$$
$$\frac{x}{b}+\frac{y}{a}=3$$

483.
$$\frac{x}{a}+\frac{y}{b}=2a$$
$$\frac{x}{a}-\frac{y}{b}=2b$$

484.
$$ax+by=2(a+b)$$
$$ax-by=2(a-b)$$

485.
$$x+y=z+14$$
$$x-y=6-z$$
$$y-x=-(4+z)$$

486.
$$x+y=z$$
$$2x+z=y+9$$
$$5x-2y=z-6$$

487.
$$x+y+z=11$$
$$2x-y+z=5$$
$$3x+2y+z=24$$

488.
$$x-y+z=7$$
$$x+y-z=1$$
$$y+z-x=3$$

CHAPITRE IV

PROBLÈMES A PLUSIEURS INCONNUES

I. — Résolution de quelques problèmes.

103. Problème I. — *Partager le nombre 1000 en deux parties telles que les 5/6 de la première, diminués du quart de la seconde, fassent 10.*

Soient x et y les deux parties.

Les conditions du problème donnent les deux équations

$$x+y=1000 \qquad \frac{5x}{6}-\frac{y}{4}=10$$

En chassant les dénominateurs de la seconde, elle devient

$$10x-3y=120$$

Si l'on ajoute celle-ci à trois fois la première, on aura

$$10x-3y+3(x+y)=120+3\times1000$$

d'où

$$x=240$$

On obtiendra y en portant cette valeur de x dans la première équation qui devient

$$240+y=1000$$

ou

$$y=760$$

Rép. Les deux parties sont 240 et 760.

104. Problème II. — *Pierre et Paul ont chacun un certain nombre d'écus. Si Paul donne 12 écus à Pierre, ils en ont le même nombre : si, au contraire, Pierre donne les 3/5 de son avoir à Paul, le nombre d'écus de ce dernier est augmenté de ses 3/8. Quel est le nombre d'écus de chaque personne?*

Soient x et y les nombres respectifs d'écus de Pierre et de Paul.

Lorsque Pierre reçoit 12 écus de Paul, les deux avoirs deviennent égaux : de là résulte l'équation

$$y-12=x+12, \qquad \text{ou} \qquad y-x=24 \qquad\qquad (1)$$

Lorsque Pierre donne les 3/5 de ses écus à Paul, l'avoir y de ce dernier est augmenté de ses 3/8 : on a donc pour seconde équation du problème

$$y+\frac{3x}{5}=y+\frac{3y}{8}$$

ou en réduisant

$$8x=5y \qquad\qquad (2)$$

Cette équation donne $x=\dfrac{5y}{8}$. Pour cette valeur de x, l'équation (1) devient

$$y-\frac{5y}{8}=24 \qquad \text{d'où} \qquad y=64$$

Pour obtenir x, portons cette valeur de y dans (2), nous aurons

$$x=40$$

Rép. Pierre a 40 écus et Paul 64.

105. Problème III. — *Un nombre a trois chiffres. Le chiffre des centaines est la somme des deux autres, et 5 fois celui des unités donne la somme de celui des dizaines et de celui des centaines. Calculer ce nombre, sachant que son excès sur lui-même renversé est égal à 594.*

Soient x, y, z, les chiffres respectifs des centaines, des dizaines et des unités du nombre inconnu.

La première et la seconde conditions du problème donnent les deux équations
$$x = y + z \qquad 5z = x + y$$

Dans le système décimal, le nombre cherché et ce même nombre renversé s'expriment respectivement par
$$100x + 10y + z \qquad \text{et} \qquad 100z + 10y + x$$

Par suite, leur différence donne l'équation
$$100x + 10y + z - (100x + 10y + z) = 594$$

qui se réduit à
$$x - z = 6$$

En rapprochant les équations précédentes, on obtient le système
$$x = y + z \qquad\qquad (1)$$
$$x = 5z - y \qquad\qquad (2)$$
$$x = z + 6 \qquad\qquad (3)$$

En comparant d'une part (1) et (3), et d'autre part, (1) et (2), on trouve d'abord :
$$y + z = z + 6, \qquad \text{d'où} \qquad y = 6$$

en second lieu
$$y + z = 5z - y, \qquad \text{d'où} \qquad z = 3$$

L'équation (1) donne $\qquad x = 6 + 3 = 9$

Rép. Le nombre cherché est 963.

106. Problème IV. — *Un alliage de cuivre et d'étain pèse 100 kg. dans l'air et 87 kg. 5 dans l'eau. Quels sont les poids du cuivre et de l'étain, les densités de ces métaux étant respectivement 8,8 et 7,2?*

Soient x et y les poids du cuivre et de l'étain. On a pour première équation
$$x + y = 100 \qquad\qquad (1)$$

Si l'on plonge dans l'eau 1 dm³ de cuivre et 1 dm³ d'étain, ils perdent tous les deux 1 kg. en vertu du principe d'Archimède. Cela posé, pour trouver la deuxième équation, on raisonne ainsi : sur 8 kg. 8 de cuivre pesés dans l'eau, on perd 1 kg. ; sur un seul kg. pesé dans le même lieu, on perdra 1/8,8, et sur les x kg. de cuivre qui entrent dans l'alliage, on perdra $x/8,8$.

En raisonnant de même pour l'étain, on trouve que les y kg. de ce métal perdent dans l'eau $y/7,20$.

Or, la perte faite sur les deux métaux est $100 - 87,5 = 12$ kg. 5.

On a donc l'équation
$$\frac{x}{8,8} + \frac{y}{7,2} = 12,5 \qquad\qquad (2)$$

En résolvant le système des équations (1) et (2), on trouve 55 kg. de cuivre et 45 d'étain.

107. Problème V. — *Un certain capital est divisé en 3 parties placées à intérêts simples pendant 3 ans, aux taux respectifs 3, 4 et 5 % par an. Ces parties sont telles qu'après les 3 ans, les intérêts de la première partie et de la seconde s'élèvent ensemble à 2.790 fr.; les intérêts de la première partie et de la troisième valent réunis 3.300 fr.; enfin la somme des intérêts des deux dernières parties est 3.390 fr. On demande quelles sont les trois parties et quel est le capital.*

Les trois parties étant x, y, z, et le capital $x+y+z$, les intérêts des trois parties pendant 3 ans seront respectivement :

$$\frac{3.3.x}{100}, \quad \frac{4.3.y}{100}, \quad \frac{5.3.z}{100}$$

On a, par suite, les trois équations

$$\frac{9x}{100}+\frac{12y}{100}=2790$$

$$\frac{9x}{100}+\frac{15z}{100}=3300$$

$$\frac{12y}{100}+\frac{15z}{100}=3390$$

qui se réduisent aux trois suivantes :

$$3x+4y=93000 \qquad (1)$$
$$3x+5z=110000 \qquad (2)$$
$$4y+5z=113000 \qquad (3)$$

En ajoutant l'équation (3) à la différence des équations (1) et (2) on trouve

$$3x+4y-(3x+5z)+4y+5z=93000-110000+113000$$

ou

$$y=12000$$

Les équations (1) et (3) donnent ensuite

$$x=15000 \qquad \text{et} \qquad z=13000$$

Rép. Les trois parts sont 15.000 fr., 12.000 fr. et 13.000 fr. et le capital, 40.000 fr.

II. — Discussion des problèmes du premier degré.

108. Définition. — Discuter un problème, c'est *établir* les conditions qui le rendent *possible*, *impossible* ou *indéterminé*. C'est encore *interpréter* ses solutions lorsqu'on donne aux coefficients de son équation *toutes les valeurs possibles*.

La discussion d'un problème se fait sur son équation qui doit en être la traduction rigoureuse.

109. Discussion de l'équation ax=b. — La forme générale de l'équation du premier degré à une inconnue est

$$ax=b \qquad (1)$$

Sa formule de résolution est

$$x=\frac{b}{a} \qquad (2)$$

Pour discuter cette dernière, nous distinguerons deux cas, selon que a est différent de 0 ou nul.

A chacun de ces cas, nous ferons l'hypothèse que b est différent de 0 ou nul.

PREMIER CAS. — $a \neq 0$ (1) — Faisons en même temps l'hypothèse que $b \neq 0$. La valeur de x est alors finie, déterminée et différente de 0 car les deux termes de la fraction b/a ne sont nuls ni l'un ni l'autre.

---

(1) Le signe $\neq$ se lit : *différent de* ; $a \neq 0$ s'énonce : *a différent de* 0.

2° Si l'on supposait que $b=0$, la valeur de x serait

$$x=\frac{b}{a}=\frac{0}{a}=0$$

Deuxième cas : $\mathbf{a}=\mathbf{0}$. — 1° L'hypothèse $b\neq 0$ donne à x une valeur infinie, car dans la fraction

$$x=\frac{b}{a}=\frac{b}{0}.$$

le numérateur n'est pas nul et le dénominateur est égal à 0. De sorte que l'équation $ax=b$ est absurde ou impossible, attendu que tout nombre x, multiplié par 0, donne un produit nul, et non égal à b.

2° Si l'on a $b=0$, en même temps que $a=0$, la valeur de x devient

$$x=\frac{b}{a}=\frac{0}{0}$$

L'équation $ax=b$ est donc *indéterminée*, car elle peut s'écrire :

$$0.x=0$$

et l'on voit qu'elle est satisfaite quelle que soit la valeur de x.

110. Tableau de la discussion. — Cette discussion est résumée dans le tableau suivant :

$$a\neq 0 \quad \begin{cases} b\neq 0 : \text{Une racine finie, différente de 0.} \\ b=0 : \text{Une racine nulle.} \end{cases}$$

$$a=0 \quad \begin{cases} b\neq 0 : \text{Une racine infinie, équation absurde.} \\ b=0 : \text{Une infinité de racines, équation indéterminée.} \end{cases}$$

111. — Discussion du système $\begin{cases} ax+by=c \\ a'x+b'y=c'. \end{cases}$

Si l'on résout ce système, par la méthode de substitution, et qu'on tire la valeur de y de la première équation, on a :

$$y=\frac{c-ax}{b} \tag{1}$$

et en portant cette valeur dans la seconde, il vient :

$$a'x+\frac{b'(c-ax)}{b}=c' \tag{2}$$

d'où l'on tire :

$$x=\frac{cb'-bc'}{ab'-ba'} \tag{3}$$

en remplaçant x par sa valeur dans (1), on trouve :

$$y=\frac{ac'-ca'}{ab'-ba'}$$

Comme dans le problème précédent, la discussion comporte deux cas, suivant que le dénominateur est différent de zéro, ou qu'il est nul.

Premier cas : $ab'-ba'\neq 0$. — Dans ce cas, il y a une seule solution pour les valeurs de x et de y.

Deuxième cas : $ab'-ba'=0$. == — Dans cette hypothèse, deux cas peuvent encore se présenter :

1° $a=b=a'=b'=0$, c'est-à-dire que les coefficients de x et de y sont nuls. Dans ce cas, quelles que soient les valeurs attribuées à x et à y, le premier membre des équations s'annule ; le système est *indéterminé* pour x et y si $c=c'=0$, et il est impossible si c ou c' sont $\neq 0$.

2° $b\neq 0$, c'est-à-dire que l'un au moins des coefficients de x et de y, n'est pas nul. Les équations (1) et (3) deviennent :

$$y=\frac{c-ax}{b},$$
$$0 \cdot x=cb'-bc' ;$$

ce qui exige que $cb'-bc'$ soit nul ; s'il en est autrement, cette dernière équation est *impossible*.

Si $cb'-bc'$ est nul, le système est *indéterminé* pour x.

112. Résumé de la discussion.

$ab'-ba'\neq 0$. Le système a une solution.

$$ab'-ba'=0 \begin{cases} a=b=a'=b'=0 & \begin{cases} c \text{ ou } c'\neq 0 \text{ impossibilité} \\ c \text{ et } c'=0 \text{ indétermination double} \end{cases} \\ b\neq & \begin{cases} cb'-bc'\neq 0 \text{ impossibilité} \\ cb'-bc'=0 \text{ indétermination simple.} \end{cases} \end{cases}$$

EXERCICES D'APPLICATION

113. Dans un cercle de rayon R, on mène le rayon OA. Sur le prolongement de ce rayon, on fixe un point M. On mène la tangente MB et on abaisse BC perpendiculaire sur OA. Déterminer le point M, de telle sorte que l'on ait : AC=a.

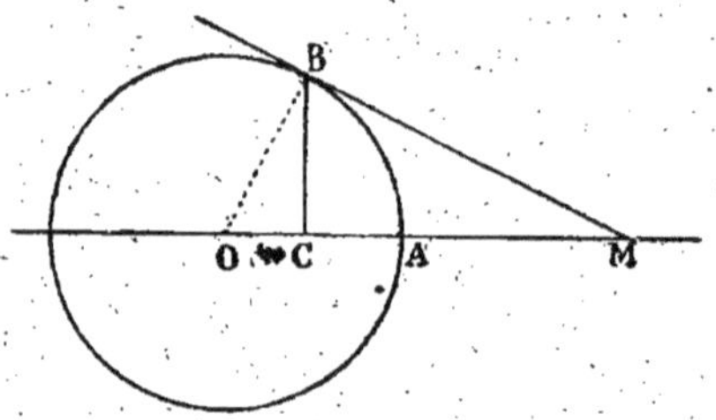

Prenons pour inconnue la distance OM=x.

Le triangle rectangle OBM, nous permet d'écrire :
$$\overline{OB^2}=OC\times OM,$$
ou :
$$R^2=OC\times x$$
mais d'après les données,
$$OC=R-a$$
l'égalité précédente devient :
$$R^2=(R-a)x$$

d'où
$$x=\frac{R^2}{R-a} \quad (1)$$

Discussion. — Pour qu'une valeur de x convienne, il faut qu'elle soit plus grande que R en valeur absolue, car on ne peut mener une tangente à un cercle, par un point situé à l'intérieur du cercle.

Or, trois cas peuvent être envisagés dans l'étude de la valeur de x :

1° $R-a > 0$ ou $R > a$. — On trouve pour x une valeur positive plus grande que R, et le point M est situé à droite du point O (sens positif).

2° $R-a < 0$ ou $R < a$. — La valeur de x est négative, et plus grande que R en valeur absolue, car a est nécessairement plus petit que 2 R. — Alors le point M se trouve à gauche de O (sens négatif).

3° $R-a=0$ ou $R=a$. — L'équation (1) prend la forme :
$$0\times x=R^2$$
aucune valeur de x n'est acceptable.

On a aussi :

$$x = \frac{R^2}{O} = \infty$$

alors le point M est très éloigné du point O ; la tangente MB devient parallèle à OA, et le point C tombe en O.

114. *Deux métaux ont pour densité : p et p'. On forme avec ces deux métaux un alliage dont le poids est P et la densité p". Combien de grammes faut-il prendre de chaque métal, en supposant que l'alliage se fait sans dilatation ni contraction?*

Soient x et y les poids demandés. On peut poser les deux équations suivantes :

$$x + y = P.$$

et

$$\frac{x}{p} + \frac{y}{p'} = \frac{P}{p''}$$

La résolution de ce système donne :

$$x = \frac{Pp(p' - p'')}{p''(p' - p)}, \qquad y = \frac{Pp'(p'' - p)}{p''(p' - p)}$$

Discussion. — Pour que les valeurs de x et de y conviennent, il faut qu'elles soient positives. Or :

1° Si l'on a : $p' - p > 0$, il faut que l'on ait aussi :

$$p' - p'' > 0 \text{ pour } x, \text{ c'est-à-dire } p' > p''$$

et $\qquad\qquad p'' - p > 0$ pour y, c'est-à-dire $p'' > p$.

ou encore : $\qquad\qquad p' > p'' > p$

2° Si l'on a : $p' - p < 0$, les valeurs de x et de y seront positives si l'on a en même temps

$$p' - p'' < 0 \text{ pour } x, \text{ c'est-à-dire } p' < p''$$

et $\qquad\qquad p'' - p < 0$ pour y, c'est-à-dire $p'' < p$.

ou encore : $\qquad\qquad p' < p'' < p.$

3° Si l'on a : $p' - p = 0$, le problème devient impossible, ce que l'on peut d'ailleurs prévoir, car en mélangeant deux métaux de même densité, l'alliage aura toujours cette même densité, quelles que soient les valeurs de x et de y.

En résumé, la condition de possibilité est que p'' soit compris entre p et p', autrement dit que la densité de l'alliage soit comprise entre les densités des métaux.

III. — Des inégalités.

115. Définition. — Une inégalité est l'expression de deux quantités qui n'ont pas la même valeur.

Un nombre a est plus grand qu'un nombre b, quand la différence $a - b$ est positive. Si cette différence est négative, on dit que a est plus petit que b.

116. Conséquences de cette définition.

1° *Tout nombre positif est plus grand que zéro.*

Soit le nombre positif 100, on a $100 > 0$, car la différence $100 - 0$ est positive.

2° *Tout nombre négatif est plus petit que zéro.*

Soit le nombre négatif -1000, on a $-1000 < 0$, car la différence $-1000 - 0$ est négative.

3° *De deux nombres négatifs, le plus grand est celui qui a la moindre valeur absolue.*

Soient les deux nombres négatifs — 10 et —100, on a —10 > —100 car la différence —10— (—100)=90 est positive.

Remarque. — On prend généralement la propriété précédente pour définition du nombre négatif, c'est-à-dire qu'on exprime qu'un nombre est négatif, en écrivant qu'il est plus petit que zéro.

117. Sens d'une inégalité. — Le sens d'une inégalité est le signe > ou le signe < que cette inégalité renferme.

On dit qu'une inégalité *change de sens* lorsque le signe > est remplacé par le < ou inversement.

118. Théorème. — 1° *Une inégalité ne change pas de sens si l'on ajoute, ou si l'on retranche à ses deux membres une même quantité.*

2° *Une inégalité ne change pas de sens lorsqu'on multiplie ses deux membres par une quantité positive. Elle change de sens lorsque cette quantité est négative.*

Soit l'inégalité $a>b$; si l'on désigne par c ce qui manque à b pour égaler a, on a l'égalité

$$a=b+c \qquad\qquad (1)$$

1° On peut ajouter une quantité arbitraire m à ses deux membres sans que l'égalité cesse, on a donc

$$a+m=b+m+c$$

Si l'on supprime c, on a évidemment

$$a+m>b+m$$

2° Multiplions par le nombre positif m les deux membres de l'égalité (1), nous aurons encore une égalité

$$am=bm+cm$$

Si l'on supprime le nombre positif cm, le deuxième membre décroît, et l'on a

$$am>bm$$

3° Si l'on multipliait les deux membres de (1) par le nombre négatif — p, on aurait

$$-pa=-pb-pc$$

En supprimant — pc, le deuxième membre de cette égalité augmente, par suite

$$-pa<-pb$$

Application. — *Que devient l'inégalité 3 > —25, si l'on multiplie ses deux membres par 4 ou par —4?*

Dans le premier cas, l'inégalité devient

$$3\times4 > -25\times4 \qquad \text{ou} \qquad 12 > -100$$

Dans le second cas, elle devient

$$3\times(-4) < -25\times(-4) \qquad \text{ou} \qquad -12 < 100$$

119. Théorème. — 1° *On peut additionner membre à membre plusieurs inégalités de même sens ; il en résulte une inégalité de même sens.*
2° *On peut retrancher membre à membre une inégalité d'une autre inégalité de sens contraire, il en résulte une inégalité du même sens que cette dernière.*

1° Soient les inégalités
$$a > b \qquad a' > b' \qquad a' > b''$$
Posons
$$a = b + c$$
$$a' = b' + c'$$
$$a'' = b'' + c''$$
Il en résulte
$$a + a' + a'' = b + b' + b'' + c + c' + c''$$
En supprimant $c + c' + c''$, le second membre décroît et l'on a
$$a + a' + a'' > b + b' + b''$$
2° Soient les deux inégalités
$$a > b \quad \text{et} \quad c < d$$
on aura
$$a - c > b - d$$
En effet, la seconde inégalité pouvant s'écrire $d > c$, si on l'ajoute à la première, il vient (112, — 1°) :
$$a + d > b + c \qquad \text{ou} \qquad a - c > b - d$$

120. — Inéquation. — Une inéquation est un ensemble de deux expressions algébriques, contenant des inconnues, et séparées par le signe $>$ ou $<$.

L'inéquation est vérifiée par toutes les valeurs des inconnues qui la transforment en inégalité.

Résoudre une équation, c'est trouver les valeurs qui la vérifient. Ces valeurs sont généralement en nombre infini.

121. Remarque. — Tous les théorèmes ci-dessus, relatifs aux inégalités, s'appliquent également aux inéquations, et il faut en tenir compte pour les résoudre.

Application. — *Résoudre l'inéquation :*
$$\frac{8 + x}{3} < \frac{5x - 10}{5}$$

Résoudre cette inégalité, c'est trouver les valeurs de x qui rendent le premier membre moindre que le second.

Multiplions d'abord ses deux membres par 3×5, on aura (111, — 2°)
$$40 + 5x < 15x - 30$$

Cette inégalité ne changera pas de sens en ajoutant à ses deux membres $-40 - 15x$, ce qui donne
$$40 + 5x - 40 - 15x < 15x - 30 - 40 - 15x$$
ou
$$-10x < -70$$

En multipliant par -1 les deux membres de cette dernière, elle changera de sens, ainsi on aura (111, — 2°)
$$10x > 70$$
d'où
$$x > 7$$
Donc toute valeur de x supérieure à 7 satisfait à l'inégalité proposée.

122. — Signe du binôme du premier degré. — Un binôme du premier degré a le signe du coefficient de x pour toutes les valeurs supérieures à sa racine, et un signe contraire pour toutes les valeurs de x inférieures à cette racine.

Soit le binôme $3x-7$; on peut écrire :

$$3x-7=3\left(x-\frac{7}{3}\right)$$

Il s'annule pour $x=\frac{7}{3}$. Or, si l'on a :

$$x>\frac{7}{3}, \quad x-\frac{7}{3} \text{ est } >0,$$

et le binôme a le signe de 3 (*positif*).

Si l'on a :

$$x<\frac{7}{3}, \quad x-\frac{7}{3} \text{ est } <0,$$

et le binôme est *négatif*.

123. — **Remarque** — Ce dernier théorème permet de résoudre aisément certaines inéquations du premier degré.

Exemple. — *Résoudre l'inéquation ;*

$$\frac{3x+5}{2-x} < 1$$

Faisons passer 1 dans le premier membre, et réduisons au même dénominateur (1), on a :

$$\frac{3x+5}{2-x}-1 < 0$$

puis :

$$\frac{3x+5-2+x}{2-x} < 0$$

ou

$$\frac{4x+3}{2-x} < 0$$

Le signe de cette fraction dépend de ceux de ses deux termes. Le numérateur s'annule pour $x=-3/4$, le dénominateur pour $x=2$. Pour que le quotient soit négatif, il faut que le dividende et le diviseur soient de signes contraires, ce qui exige que l'on ait :

$$x<-\frac{3}{4} \quad \text{ou} \quad x>2$$

ainsi que le montre le tableau suivant :

Valeurs de x..	$-\infty$	$-\frac{3}{4}$	2	$+\infty$
Numérateur...	<.....négatif......> 0 <.....positif.........▷			
Dénominateur.	<..........positif..........> 0 <...négatif..>			
Quotient......	<......négatif......>	<positif>	<...négatif..>	

(1) On ne peut faire disparaître le dénominateur, car il est négatif pour certaines valeurs de x, ce qui changerait le sens de l'inéquation.

IV. — Du mouvement uniforme.

124. Définitions. — 1° Un mobile est animé d'un mouvement rectiligne, quand il se déplace sur une ligne droite.

2° S'il se déplace sur une courbe, le mouvement est dit curviligne.

3° La ligne suivant laquelle le mobile se déplace s'appelle trajectoire.

125. Mouvement uniforme. — Un mobile est animé d'un mouvement uniforme, lorsqu'il se déplace avec une vitesse constante. Dans ce cas, les espaces parcourus sont proportionnels aux temps mis à les parcourir.

Si l'on désigne par e l'espace parcouru, par v la vitesse, et par t le temps, on a la relation :

$$e = vt.$$

126. Mouvement sur une droite. — Soit une droite $x\,x'$, et sur cette droite un point fixe O que nous prenons comme *origine*, c'est-à-

dire comme point de départ d'un mobile.

Si le mobile se déplace dans le sens de Ox, la *vitesse* v est considérée comme *positive*; dans le sens de Ox', elle est *négative*.

Si le mobile va de x' en x, le *temps* est considéré comme positif *après* le passage en O, et comme négatif *avant* le passage en O.

Or, il est facile de constater que, dans tous les cas, le segment OM, parcouru par le mobile pendant le temps t, avec la vitesse v, a pour expression, en signe, et en *valeur absolue* :

$$OM = x = vt.$$

127. Remarque I. — Si le segment OM est parcouru pendant l'unité *de temps*, il représente la *vitesse* du mobile, et prend le nom de *vecteur vitesse*.

On appelle VECTEUR, *un segment de droite ayant une origine, un sens et une extrémité.*

Le nombre qui mesure la *longueur* du segment OM, s'appelle *mesure algébrique* du vecteur.

128. Remarque II. — Il peut se faire que l'origine des *temps* ne coïncide pas avec l'origine des *espaces*. Ainsi, désignons par

M_0, la position du mobile à l'instant initial, et par x_0 la distance OM_0.

Si, à l'instant t, le mobile est en M, le mouvement du mobile sera exprimé par la relation :

$$M_0M = vt.$$
ou :
$$x = x_0 + vt.$$

129. Mouvement curviligne. — Si le mouvement est *curviligne*, c'est-à-dire si le mobile décrit une courbe, les mêmes relations sont applicables au mouvement uniforme.

130. Application. — *Deux courriers ont pour vitesses respectives* v *et* v' ; *sachant qu'ils suivent une même direction, et qu'en ce moment la distance qui les sépare est* d, *trouver dans combien de temps ils se rencontreront.*

Soit x le temps qui doit s'écouler jusqu'à la rencontre. Le premier courrier pendant x heures fera vx et le second $v'x$. L'espace parcouru $v'x$ par le second doit être égal au chemin vx parcouru par le premier, augmenté de l'avance d. On a, par suite,

$$v'x = vx + d$$

d'où

$$x = \frac{d}{v'-v}$$

Rep. — Ils se rencontreront dans $\frac{d}{v'-v}$ heures.

131. Application. — *Deux courriers A et B suivent une même direction XY et leurs vitesses respectives à l'heure sont* mv *et* v. *Sachant qu'à un moment donné A est en M et B en N, on demande quel chemin parcourra le second avant d'être atteint par le premier.*

$$\text{X}\underline{\hspace{8cm}}\text{Y}$$
$$\text{M} \quad d \quad \text{N} \quad x \quad \text{R}$$

Soient d la distance MN qui sépare les deux courriers et x le chemin NR parcouru par le second avant d'être atteint par le premier. Le chemin parcouru par A sera

$$\text{MR} = d + x$$

Le temps employé par A est $\frac{d+x}{mv}$, tandis que B emploie $\frac{x}{v}$.

Comme ces temps sont égaux, l'équation du problème est

$$\frac{d+x}{mv} = \frac{x}{v} \quad \text{d'où} \quad x = \frac{d}{m-1}$$

Pour discuter cette formule, nous distinguerons trois cas, selon que $m-1$ est positif, nul ou négatif.

PREMIER CAS : $m-1 > 0$. En même temps que $m-1 > 0$, on peut avoir $d > 0$ ou $d = 0$.

1° $d > 0$. — Dans cette hypothèse, la valeur de x est positive et la rencontre se fera à droite du point N et à distance finie.

2° $d = 0$. Cette hypothèse signifie que les deux courriers sont ensemble au départ, et comme $x = \frac{d}{m-1} = \frac{0}{m-1} = 0$, ils ne se rencontrent qu'au départ.

DEUXIÈME CAS : $m-1 = 0$. — La condition $m-1 = 0$ donne $m = 1$ et prouve que les courriers ont la même vitesse.

1° $d > 0$. — Cette hypothèse fait prendre à x la valeur

$$x = \frac{d}{0} = \infty$$

qui indique que le chemin parcouru par B est infini et que le problème est impossible.

2° $d = 0$. — Dans ce cas, on a $x = \frac{0}{0}$. Le problème est indéterminé,

c'est-à-dire que les courriers sont toujours ensemble. On le conçoit d'ailleurs, puisque leur distance $d = 0$ et que leurs vitesses sont égales.

Troisième cas : $m-1 < 0$. — Cette hypothèse montre que m est moindre que l'unité et que, par suite, la vitesse mv de A est plus petite que la vitesse v de B.

1° $d > 0$. — Cette condition donne à x la valeur négative

$$\frac{d}{m-1} = -\frac{1-m}{d}$$

ce qui prouve que la rencontre s'est faite à gauche de M et avant que A fût en M et B en N.

2° $d = 0$. — Dans ce cas, $x = \dfrac{0}{m-1} = 0$. Les deux courriers étant ensemble au point de départ, ne peuvent se rencontrer qu'en ce point.

TABLEAU DE LA DISCUSSION

$m-1 > 0$ $\left\{ \begin{array}{l} d > 0 \text{ : La rencontre aura lieu à droite de N.} \\ d = 0 \text{ : Les courriers se rencontrent au départ.} \end{array} \right.$

$m-1 = 0$ $\left\{ \begin{array}{l} d > 0 \text{ : Les courriers ne se rencontreront jamais.} \\ d = 0 \text{ : Ils sont toujours ensemble.} \end{array} \right.$

$m-1 < 0$ $\left\{ \begin{array}{l} d > 0 \text{ : La rencontre s'est faite à gauche de M.} \\ d = 0 \text{ : La rencontre n'a lieu qu'au départ.} \end{array} \right.$

PROBLÈMES A PLUSIEURS INCONNUES

489. Partager 132 en deux parties telles que les 5/7 de l'une et les 3/5 de l'autre fassent 88.

490 Le quotient de deux nombres est 5, et leur différence 108. Trouver ces deux nombres.

491. Trouver deux nombres dont l'un soit le neuvième de l'autre et dont le produit et la somme soient égaux.

492. La somme de deux nombres est 65, et leur différence divisée par le petit nombre donne 8 pour quotient et 5 pour reste. Quels sont ces deux nombres?

493. Trouver deux nombres dont la somme et le quotient soient 169 et 12.

494. Mon âge et celui de mon frère sont entre eux comme les nombres 7 et 5 ; dans 9 ans, ils seront entre eux comme 5 et 4. Trouver nos deux âges.

495. Quelle est la fraction qui égale 1/5 ou 1/6 selon qu'on ajoute 1 au numérateur ou au dénominateur?

496. Quelle est la fraction qui devient 2/3 si l'on ajoute 1 à ses deux termes et qui devient 1/2 si l'on retranche 1 à ses deux termes?

497. Trouver deux nombres tels que leur somme, leur différence et leur produit soient proportionnels à 5, 3, 8.

498. L'âge d'un jeune homme est tel que la somme de ses deux chiffres est 7. Quel est ce nombre, sachant que renversé, il est égal au double du premier, plus 2?

499. Paul dit à Emile : si tu me donnais 40 fr., j'aurais 28 fois autant que toi. — Donne-m'en 95, dit Emile, et j'en aurai autant que toi. Combien ont-ils chacun?

500. La somme des deux chiffres d'un nombre est 15. Si l'on renverse l'ordre des chiffres, on obtient un second nombre qui n'est que les 23/32 du premier. Trouver ce nombre.

501. En ajoutant le premier de deux nombres à la moitié du second, ou bien en ajoutant le deuxième au tiers du premier, on obtient 10 dans les deux cas. Quels sont ces nombres?

502. Dans un hôtel, trois voyageurs ont dépensé une certaine somme. Le premier et le deuxième réunis ont dépensé 2 fr. de plus que le troisième; le premier et le troisième réunis ont dépensé 6 fr. de plus que le second ; enfin, le deuxième et le troisième ont dépensé ensemble 10 fr. de plus que le premier. Trouver la dépense de chacun.

503. Partager 180 en trois parties telles que la moitié de la première, le tiers de la seconde, le quart de la troisième soient trois nombres égaux.

504. Dans un nombre de trois chiffres, les chiffres des centaines et des unités font 10, ceux des dizaines et des unités font 12 ; enfin la somme des chiffres des centaines et des dizaines est 6. Trouver ce nombre.

505. On a trois lingots d'or aux titres respectifs 0,950, 0,980, 0,720. On veut en former un quatrième lingot pesant 8 kg. 500, au titre 0,900, en employant des poids égaux des deux derniers. Combien de kilogrammes prendra-t-on de chaque lingot?

TROISIÈME PARTIE

DES ÉQUATIONS DU SECOND DEGRÉ

CHAPITRE PREMIER

DES RADICAUX

I. — Préliminaires.

132. Puissance d'une quantité. — On appelle puissance m^e d'une quantité le produit de m facteurs égaux à cette quantité.

Il résulte de cette définition que l'on a :
$$a^3 = a.a.a. \quad \text{et} \quad a^2 = a.a$$

133. Théorème. — *La puissance* m^e *d'un produit s'obtient en élevant chaque facteur à cette puissance.*

Soit par exemple à élever abc à la quatrième puissance.
On a, par définition :
$$(abc)^4 = abc.abc.abc.abc. = a^4 b^4 c^4$$

Corollaire I. — *On obtient le carré d'un monôme en élevant le coefficient au carré et en doublant les exposants de toutes les lettres de ce monôme.*

On a, en effet
$$(3a^2 b^3 c)^2 = 3^2 (a^2)^2 (b^3)^2 c^2 = 3^2 a^4 b^6 c^2$$

Corollaire II. — *Le cube d'un monôme s'obtient en élevant son coefficient au cube et en triplant les exposants de toutes les lettres.*

En effet, on peut écrire
$$(-2a^2 b^3 c)^3 = (-2)^3 (a^2)^3 (b^3)^3 c^3 = -8a^6 b^9 c^3$$

Corollaire III. — *Pour élever une fraction à une puissance quelconque, il suffit d'élever ses deux termes à cette puissance.*

Ainsi

$$\left(\frac{a}{b}\right)^3 = \frac{a}{b} \times \frac{a}{b} \times \frac{a}{b} = \frac{a^3}{b^3}$$

134. Racine m^e d'une quantité. — La racine m^e d'une quantité est une autre quantité dont la puissance m^e reproduit la première.

Ainsi la racine cubique de a^6 est a^2, car $(a^2)^3 = a^6$.

Il résulte de cette définition que l'on a

$$(\sqrt[m]{a})^m = a, \qquad (\sqrt[3]{a})^3 = a, \qquad (\sqrt{a})^2 = a$$

Corollaire I. — *La racine cubique d'un nombre a le signe de ce nombre.*

Ex. — 1° La racine cubique de a^6 est a^2, car $(a^2)^3 = a^6$.

2° La racine cubique de $-a^6$ est $-a^2$, car $(-a^2)^3 = -a^6$.

Corollaire II. — *Un nombre positif a deux racines carrées égales, mais de signes contraires.*

En effet, la racine carrée de a^4 est a^2 ou $-a^2$, car l'on a

$$(a^2)^2 = a^4 \qquad \text{et} \qquad (-a^2)^2 = a^4$$

Corollaire III. — *La racine m^e d'une fraction s'obtient en extrayant la racine m^e de chacun de ses termes.*

Par exemple, la racine cubique de a/b est $\dfrac{\sqrt[3]{a}}{\sqrt[3]{b}}$

$$\left(\frac{\sqrt[3]{a}}{\sqrt[3]{b}}\right)^3 = \frac{a}{b}$$

Corollaire IV. — *La racine carrée d'un nombre négatif est imaginaire*

Soit le nombre négatif $-a^2$. La racine carrée de ce nombre ne peut être ni $+a$ ni $-a$, parce que les carrés de ces deux nombres reproduisent $+a^2$ et non $-a^2$.

On définit un nombre imaginaire en disant que c'est la racine carrée d'un nombre négatif. Les expressions

$$\sqrt{-1}, \qquad \sqrt{-9}, \qquad \sqrt{-20}, \qquad \sqrt{-100},$$

sont imaginaires. Leurs carrés sont respectivement :

$$-1, \qquad -9, \qquad -20, \qquad -100.$$

135. Théorème. — *La racine m^e d'un produit s'obtient en extrayant la racine m^e de chaque facteur.*

On doit avoir :

$$\sqrt[m]{abc} = \sqrt[m]{a}\sqrt[m]{b}\sqrt[m]{c}$$

Cette égalité a lieu en effet, car si l'on élève ses deux membres à la puissance m^e, ils deviennent identiques.

On peut dès lors écrire :

$$\sqrt[3]{abc} = \sqrt[3]{a}\sqrt[3]{b}\sqrt[3]{c} \qquad \text{et} \qquad \sqrt{abc} = \sqrt{a}\sqrt{b}\sqrt{c}$$

II. — Propriétés des radicaux.

136. Théorème. — *On peut faire passer le coefficient d'un radical sous ce radical, pourvu qu'on élève ce coefficient à une puissance égale à l'indice.*

On aura, par exemple,

$$a\sqrt[3]{b} = \sqrt[3]{a^3 b}$$

Cette égalité devient évidente en élevant ses deux membres au cube. En effet, le cube du premier membre est

$$(a\sqrt[3]{b})^3 = a^3(\sqrt[3]{b})^3 = a^3 b$$

et le cube du second,

$$(\sqrt[3]{a^3 b})^3 = a^3 b$$

En vertu de ce théorème, on peut écrire :

$$1° \quad 5\sqrt{3} = \sqrt{25.3} = \sqrt{75}$$
$$2° \quad 4\sqrt[3]{2} = \sqrt[3]{4^3.2} = \sqrt[3]{128}$$

137. Réciproque. — *On peut faire sortir d'un radical un facteur qui s'y trouve, pourvu qu'on en extraie une racine égale à l'indice.*

En effet, nous venons de démontrer que l'on a

$$a\sqrt[m]{b} = \sqrt[n]{a^m b}$$

Cette égalité pouvant s'écrire

$$\sqrt[m]{a^m b} = a\sqrt[m]{b}$$

démontre la réciproque.

Il résulte de là qu'en appliquant ce théorème,

$$1° \quad \sqrt{25a^2 b^4 c} = 5ab^2\sqrt{c}$$
$$2° \quad \sqrt[3]{-a^6 b^4 c^5} = \sqrt[3]{-a^6 b^3 c^3.bc^2} = -a^2 bc.\sqrt[3]{bc^2}$$

138. Théorème. — *On n'altère pas un radical en multipliant ou divisant par un même nombre son indice et les exposants des facteurs placés sous ce radical.*

On doit avoir par exemple,

$$\sqrt[9]{a^6} = \sqrt[9 \cdot 3]{a^{6 \times 3}} = \sqrt[27]{a^{18}}$$

Cette égalité est exacte, car elle devient identique si l'on élève ses deux membres à la puissance 27e.

En élevant le premier membre, on a

$$(\sqrt[9]{a^6})^{27} = [(\sqrt[9]{a^6})^9]^3 = [a^6]^3 = a^{18}$$

Le second membre donne aussi

$$(\sqrt[27]{a^{18}})^{27} = a^{18}$$

La réciproque est évidente.

On peut donc écrire :

$$1° \quad \sqrt[2]{a} = \sqrt[6]{a^3} = \sqrt[8]{a^4} = \sqrt[14]{a^7} = \ldots$$
$$2° \quad \sqrt[3]{a^2} = \sqrt[6]{a^4} = \sqrt[9]{a^6} = \sqrt[12]{a^8} = \ldots$$
$$3° \quad \sqrt[16]{a^{32}} = \sqrt[8]{a^{16}} = \sqrt[4]{a^8} = \sqrt[2]{a^4} = a^2$$
$$4° \quad \sqrt[105]{a^{30}} = \sqrt[21]{a^6} = \sqrt[7]{a^2}$$

139. Simplification des radicaux. — On simplifie un radical :

1° En divisant l'indice et les exposants par leurs diviseurs communs, lorsqu'ils en ont ;

2° En sortant de dessous le radical les facteurs dont l'exposant est le multiple de l'indice.

En appliquant cette règle, on a :

$$1° \quad \sqrt{a^4 b^8 c^6} = \sqrt{a^4 b^2 c^6 b} = a^2 b c^3 \sqrt{b}$$
$$2° \quad \sqrt[3]{a^7 b^5 c^6} = \sqrt[3]{a^6 b^3 c^6 a b^2} = a^2 b c^2 \sqrt[3]{a b^2}$$
$$3° \quad \sqrt[6]{a^{10} c^9 d^{14}} = \sqrt[6]{a^6 c^6 d^{12} a^4 c^3 d^2} = a c d^2 \sqrt[6]{a^4 c^3 d^2}$$
$$4° \quad \sqrt[8]{a^{12} b^{10} c^4} = \sqrt[8]{a^8 b^8 a^4 b^2 c^4} = a b \sqrt[8]{a^4 b^2 c^4} = a b \sqrt{a c \sqrt[4]{b}}$$

III. — Calcul des radicaux.

140. Réduction des radicaux au même indice, Règle —

Pour réduire plusieurs radicaux au même indice, il suffit de multiplier l'indice et les exposants de chaque radical par le produit des indices des autres radicaux.

Soient les deux radicaux $\sqrt{a^5}$ et $\sqrt[3]{a^4}$. Ces deux radicaux ne changent pas de valeur si l'on multiplie l'indice et l'exposant de chacun par l'indice de l'autre ; ils deviennent :

$$\sqrt[2 \cdot 3]{a^{5 \cdot 3}} \quad \text{et} \quad \sqrt[2 \cdot 3]{a^{4 \cdot 2}} \quad \text{ou bien} \quad \sqrt[6]{a^{15}} \quad \text{et} \quad \sqrt[6]{a^8}$$

141. Produit de plusieurs radicaux. Règle. — *Pour obtenir le produit de plusieurs radicaux, on les réduit d'abord au même indice, puis on fait le produit des quantités placées sous ces radicaux ; enfin, on affecte ce produit du radical commun.*

Soient les radicaux de même indice $\sqrt[3]{a^4}$, $\sqrt[3]{b^2}$, $\sqrt[3]{a^2 b^2}$, je dis que l'on aura

$$\sqrt[3]{a^4} . \sqrt[3]{b^2} . \sqrt[3]{a^2 b^2} = \sqrt[3]{a^4 . b^2 . a^2 b^2}$$

En effet, cette égalité devient une identité si l'on élève ses deux membres au cube.

On peut dès lors écrire :

$$1° \quad \sqrt{a^3} . \sqrt{a} . \sqrt{a^5} . \sqrt{a^3} = \sqrt{a^3 . a . a^5 . a^3} = \sqrt{a^{12}} = a^6$$
$$2° \quad \sqrt[3]{a^2} . \sqrt{a^3} = \sqrt[6]{a^4} . \sqrt[6]{a^9} = \sqrt[6]{a^{13}} = \sqrt[6]{a^{12} . a} = a^2 \sqrt[6]{a}$$
$$3° \quad \sqrt[3]{a^5} . \sqrt[3]{a b^2} . \sqrt[3]{b} = \sqrt[3]{a^5 . a b^2 . b} = \sqrt[3]{a^6 b^3} = a^2 b$$

142. Remarque. — Dans le produit de deux radicaux imaginaires il aut tenir compte de la définition de $\sqrt{-1}$ (134 cor. IV).

Pour faire le produit de $\sqrt{-a^2}\sqrt{-b^2}$, on écrira d'abord :

$$\sqrt{-a^2}=\sqrt{(-1)a^2}=a\sqrt{-1}$$
$$\sqrt{-b^2}=\sqrt{(-1)b^2}=b\sqrt{-1}$$

Le produit de ces deux imaginaires sera :

$$\sqrt{-a^2}\sqrt{-b^2}=a\sqrt{-1}\times b\sqrt{-1}=ab(\sqrt{-1})^2=ab(-1)=-ab$$

On aurait de même :

1° $\sqrt{-a}\sqrt{-b}=\sqrt{(-1)a}\sqrt{(-1)b}=\sqrt{a}\sqrt{b}\sqrt{-1}\sqrt{-1}=\sqrt{ab}(\sqrt{-1})^2=-\sqrt{ab}$

2° $(a+b\sqrt{-1})^2=a^2+b^2(\sqrt{-1})^2+2ab\sqrt{-1}=a^2-b^2+2ab\sqrt{-1}$

3° $(a+b\sqrt{-1})(a-b\sqrt{-1})=a^2-(b\sqrt{-1})^2=a^2-b^2(\sqrt{-1})^2=a^2-b^2(-1)=$
$$a^2+b^2$$

143. Quotient de deux radicaux. Règle. — *Pour obtenir le quotient de deux radicaux, on les réduit d'abord au même indice, puis on divise la quantité soumise au premier radical par celle qui est soumise au second, et l'on affecte ce quotient du radical commun.*

On doit avoir, par exemple,

$$\sqrt[6]{a^5} : \sqrt[6]{a^4}=\sqrt[6]{a^5 : a^4}=\sqrt[6]{a}$$

En effet, si l'on élève à la 6e puissance les deux expressions

$$\frac{\sqrt[6]{a^5}}{\sqrt[6]{a^4}} \quad \text{et} \quad \sqrt[6]{a^5 : a^4}$$

on obtient l'identité

$$\frac{a^5}{a^4}=a^5 : a^4$$

On peut d'après la règle, écrire les égalités suivantes :

$$\sqrt[3]{a^5} : \sqrt[3]{a^4}=\sqrt[3]{a}$$
$$\sqrt{a^5b^3} : \sqrt{a^3b}=\sqrt{a^5b^3 : a^3b}=\sqrt{a^2b^2}=ab$$
$$\sqrt{a} : \sqrt[3]{a}=\sqrt[6]{a^3} : \sqrt[6]{a^2}=\sqrt[6]{a}$$

144. Puissance d'un radical. Règle. — *Pour élever un radical à une puissance, on élève à cette puissance la quantité soumise au radical.*

On doit avoir, par exemple,

$$(\sqrt[3]{a^2})^5=\sqrt[3]{a^{2\cdot5}}=\sqrt[3]{a^{10}}$$

On a, en effet (141),

$$(\sqrt[3]{a^2})^5=\sqrt[3]{a^2}.\sqrt[3]{a^2}.\sqrt[3]{a^2}.\sqrt[3]{a^2}.\sqrt[3]{a^2}=\sqrt[3]{a^{10}}$$

145. Racine d'un radical. Règle. — *Pour extraire la racine me d'un radical, il suffit de multiplier par m l'indice de ce radical.*

On aura, par exemple,

$$\sqrt[7]{\sqrt[3]{a}} = \sqrt[21]{a}$$

Pour le prouver, élevons chaque membre à la puissance 21 ; le premier membre deviendra (134) :

$$\left(\sqrt[7]{\sqrt[3]{a}}\right)^{21} = \left(\left[\sqrt[7]{\sqrt[3]{a}}\right]^7\right)^3 = \left(\sqrt[3]{a}\right)^3 = a$$

et le second,

$$\left(\sqrt[21]{a}\right)^{21} = a$$

Les deux membres devenant identiques, l'égalité est prouvée.

D'après la règle, on a :

$$1° \qquad \sqrt[3]{\sqrt{a^3}} = \sqrt[6]{a^3} = \sqrt{a}$$

$$2° \qquad \sqrt{\sqrt{\sqrt{a^6}}} = \sqrt[8]{a^6} = \sqrt[4]{a^3}$$

$$3° \qquad \sqrt[3]{\sqrt{\sqrt[4]{a^2 b^3}}} = \sqrt[24]{a^2 b^3}$$

IV. — Transformation des fractions à dénominateurs irrationnels.

146. Règle. — *Pour rendre rationnel le dénominateur d'une fraction, on multiplie ses deux termes par un facteur tel que le dénominateur devienne rationnel.*

Applications. — *1° Rendre rationnel le dénominateur de la fraction*

$$\frac{1}{\sqrt{a}}$$

En multipliant les deux termes de cette fraction par $\sqrt{a}$, elle devient

$$\frac{1}{\sqrt{a}} = \frac{\sqrt{a}}{\sqrt{a}\sqrt{a}} = \frac{\sqrt{a}}{(\sqrt{a})^2} = \frac{\sqrt{a}}{a}$$

2° Rendre rationnel le dénominateur de la fraction $\dfrac{m}{a+\sqrt{b}}$

Il suffit de multiplier ses deux termes par $a-\sqrt{b}$, ce qui donne

$$\frac{m}{a+\sqrt{b}} = \frac{m(a-\sqrt{b})}{(a+\sqrt{b})(a-\sqrt{b})} = \frac{m(a-\sqrt{b})}{a^2-b}$$

EXERCICES SUR LES RADICAUX

Effectuer les opérations indiquées :

506. $(a^3)^2$

507. $(-a^4)^3$

508. $(-11)^2$

509. $(-a^2 b^3)^2$

510. $(a^2 b^3 c^5)^3$

511. $(4a^3 b^4 c^5 d)^2$

512. $\left(\dfrac{a^3 b^2}{c^5 d^6}\right)^3$

513. $(-6a^5 b^3 c^2)^2$

514. $\left(\dfrac{-a^3 b^2}{c^5}\right)^2$

515. Faire les carrés et les cubes des expressions suivantes et ordonner:

$1°$ $2x+1$ $\qquad\qquad$ $4°$ $2x-3y$

$2°$ $3x-2$ $\qquad\qquad$ $5°$ $x+\dfrac{1}{x}$

$3°$ $3x+2y$ $\qquad\qquad$ $6°$ $2x-\dfrac{3}{x}$

Effectuer les opérations suivantes :

516. $\sqrt{1}$ $\qquad\qquad\qquad$ **523.** $\sqrt[3]{1}$

517. $\sqrt{4}$ $\qquad\qquad\qquad$ **524.** $\sqrt[3]{-1}$

518. $\sqrt{25}$ $\qquad\qquad\qquad$ **525.** $\sqrt[3]{-27}$

519. $\sqrt{a^6}$ $\qquad\qquad\qquad$ **526.** $\sqrt[3]{-a^{12}}$

520. $\sqrt{a^{16}}$ $\qquad\qquad\qquad$ **527.** $\sqrt[3]{-a^3b^6c^9}$

521. $\sqrt{(a-1)^2}$ $\qquad\qquad$ **528.** $\sqrt{a^4b^2}$

522. $\sqrt{(a+b-c)^4}$ $\qquad$ **529.** $\sqrt[3]{-a^6b^3}$

530. Extraire la racine carrée des polynômes suivants :

$1°$ x^2+4x+4 $\qquad\qquad$ $4°$ $9x^2-12x+4$

$2°$ x^2-6x+9 $\qquad\qquad$ $5°$ $16x^2+40xy+25y^2$

$3°$ $4x^2+12x+9$ $\qquad\qquad$ $6°$ $64a^2b^2-48abc+9c^2$

Dans les expressions suivantes, faire entrer les coefficients sous les radicaux :

531. $2\sqrt{3}$ $\qquad\qquad\qquad$ **534.** $-3\sqrt[3]{-2}$

532. $5\sqrt{a}$ $\qquad\qquad\qquad$ **535.** $5\sqrt[3]{5}$

533. $a^2\sqrt[3]{3}$ $\qquad\qquad\qquad$ **536.** $a\sqrt{a^3}$

Simplifier les radicaux suivants :

537. $\sqrt{a^4b^6c}$ $\qquad\qquad$ **540.** $\sqrt[6]{a^4b^2c^6d^8}$

538. $\sqrt[4]{16a^2b^2}$ $\qquad\qquad$ **541.** $\sqrt[6]{16a^2d^9}$

539. $\sqrt{24a^2b^2c^5d^7}$ $\qquad$ **542.** $\sqrt{8a^4b^3-16a^4b^4}$

Réduire au même indice les radicaux suivants :

543. $\sqrt{a},\ \sqrt[3]{b}$ $\qquad\qquad$ **547.** $a^2,\ \sqrt{b^3}$

544. $\sqrt[4]{a^6},\ \sqrt[5]{a^7}$ $\qquad\qquad$ **548.** $\sqrt{2},\ \sqrt[3]{3}$

545. $\sqrt{a^2b},\ \sqrt[3]{a^3b^2}$ $\qquad$ **549.** $(a+b)^2,\ \sqrt[3]{a^4}$

546. $\sqrt{\dfrac{1}{a}},\ \sqrt[3]{\dfrac{2}{b^2}}$ $\qquad$ **550.** $4,\ \sqrt{2},\ \sqrt[3]{2},\ a$

Simplifier les expressions suivantes :

551. $4\sqrt{8}-6\sqrt{2}$ $\qquad\qquad$ **555.** $2\sqrt[3]{4}+5\sqrt[3]{256}$

552. $2\sqrt{128}-\sqrt{200}$ $\qquad\qquad$ **556.** $\sqrt[3]{-8}+\sqrt[3]{-64}$

553. $\sqrt{24}+3\sqrt{6}$ $\qquad\qquad$ **557.** $6\sqrt[3]{375}-10\sqrt[3]{81}+\sqrt[3]{24}$

554. $\sqrt{216}-\sqrt{150}$

Faire le produit des radicaux suivants :

558. $\sqrt{48}\times\sqrt{3}$ $\qquad\qquad$ **561.** $2\sqrt{3}\times4\sqrt{10}\times5\sqrt{120}$

559. $2\sqrt{6}\times3\sqrt{24}$ $\qquad\qquad$ **562.** $(2+\sqrt{3})(3-\sqrt{3})$

560. $3\sqrt{27}\times2\sqrt{6}$ $\qquad\qquad$ **563.** $(5\sqrt{2}+1)(4\sqrt{2}-3)$

Développer et réduire les expressions suivantes :

564. $(\sqrt{a}+\sqrt{b})^2$ **568.** $(\sqrt{a}+\sqrt{b})(\sqrt{a}-\sqrt{b})$

565. $(1-\sqrt{a})^2$ **569.** $(3\sqrt{a}-2\sqrt{b})^2$

566. $(\sqrt{a}-\sqrt{b})^2$ **570.** $(a\sqrt{b}-b\sqrt{a})^2$

567. $(1+\sqrt{a})(1-\sqrt{a})$

Effectuer les opérations et réduire :

571. $\sqrt{12} : \sqrt{8}$ **574.** $\sqrt[3]{a^6b^4} : \sqrt{ab}$

572. $\sqrt{12} : \sqrt[3]{12}$ **575.** $\sqrt[3]{27a^4b^5c^6} : 1/9\sqrt[3]{9a^2b^4c^5}$

573. $\sqrt[3]{a^8} : \sqrt{a^3}$ **576.** $5\sqrt[8]{81} : \sqrt[4]{9}$

Effectuer et réduire :

577. $(\sqrt{4})^2$ **581.** $(\sqrt[3]{a^2})^2$

578. $(\sqrt[3]{-a^2})^3$ **582.** $(\sqrt{a+\sqrt{b}})^2 (\sqrt{a-\sqrt{b}})^2$

579. $(\sqrt{5})^3$ **583.** $(\sqrt[3]{9}-\sqrt{2})^2$

580. $(3\sqrt[3]{3})^4$ **584.** $(\sqrt[3]{10}-\sqrt[3]{4})^3$

Rendre rationnels les dénominateurs des fractions suivantes :

585. $\dfrac{2}{\sqrt{2}}$ **589.** $\dfrac{15}{2\sqrt{3}}$ **593.** $\dfrac{1}{\sqrt{2}-1}$

586. $\dfrac{1}{\sqrt{a^3}}$ **590.** $\dfrac{a}{\sqrt[5]{a^4}}$ **594.** $\dfrac{1}{a-\sqrt{b}}$

587. $\dfrac{1}{\sqrt[4]{2}}$ **591.** $\dfrac{1}{\sqrt{2}}-\dfrac{1}{\sqrt{3}}$ **595.** $\dfrac{1}{10+\sqrt{7}}$

588. $\dfrac{1}{\sqrt[3]{7}}$ **592.** $\dfrac{3}{\sqrt{3}}-\sqrt{3}$ **596.** $\dfrac{1}{\sqrt{10}-\sqrt{7}}$

CHAPITRE II

RÉSOLUTION DE L'ÉQUATION DU SECOND DEGRÉ

I. — Définitions.

147. Equation du second degré. — On appelle équation du second degré toute équation dont le plus haut degré de l'inconnue est 2.

EXEMPLE : $4x^2-5x+1=0$

La *forme générale* de l'équation du second degré est

$$ax^2+bx+c=0$$

dans laquelle a, b, c, sont appelés *coefficients*.

L'équation *complète* a au plus trois termes : un terme en x^2, un terme en x et un terme *tout connu*.

L'équation du second degré est *incomplète* lorsqu'elle ne renferme pas de terme en x, ou de terme tout connu ; elle est donc de l'une des deux formes suivantes :

$$ax^2+bx=0 \qquad \text{ou} \qquad ax^2+c=0$$

EXEMPLES :
$$x^2-4x=0 \qquad x^2-25=0$$

148. Préparation de l'équation. — On prépare l'équation du second degré en l'amenant à la forme générale.

$$ax^2+bx+c=0$$

Cela se fait *en chassant les dénominateurs, puis en passant tous les termes dans le premier membre et en ordonnant par rapport à l'inconnue.*

L'équation

$$\frac{1}{x-3}+4x=\frac{1}{5}$$

prendra la forme $ax^2+bx+c=0$, en chassant ses dénominateurs et en faisant passer ensuite tous ses termes dans le premier membre. On a ainsi :

$$5+20x^2-60x=x-3$$

et enfin

$$20x^2-61x+8=0$$

II. — Résolution des équations incomplètes du second degré.

149. Résolution de l'incomplète $ax^2+bx=0$.

Cette équation peut s'écrire

$$x(ax+b)=0$$

Il y a deux moyens de rendre nul le produit de deux facteurs : c'est de faire successivement chaque facteur égal à zéro ; on a ainsi

$$x=0 \qquad \text{et} \qquad ax+b=0$$

ce qui fournit les deux racines

$$x'=0 \qquad \text{et} \qquad x''=-\frac{b}{a}$$

Applications. — *Résoudre l'équation* $x^2-4x=0$.

Cette équation peut s'écrire

$$x(x-4)=0$$

Pour rendre nul le produit $x(x-4)$, il faut évidemment poser successivement :

$$x=0 \qquad \text{et} \qquad x-4=0$$

ce qui donne pour racines de l'équation donnée

$$x'=0 \qquad \text{et} \qquad x''=4$$

150. Résolution de l'incomplète $ax^2+c=0$

En tirant la valeur de x^2, on a

$$x^2=-\frac{c}{a}$$

En extrayant la racine carrée des deux membres, il vient :

$$x = \pm \sqrt{-\frac{c}{a}}$$

Les racines sont, par suite :

$$x' = \sqrt{-\frac{c}{a}} \quad \text{et} \quad x'' = -\sqrt{-\frac{c}{a}}$$

Pour que l'équation donnée ait ses racines réelles, il faut évidemment que $-\dfrac{c}{a}$ soit positif, ce qui exige que c et a soient de signes contraires.

Applications. — *Résoudre l'équation* $25x^2 - 16 = 0$.
Cette équation s'écrit d'abord

$$x^2 = \frac{16}{25}$$

En extrayant la racine carrée de ses deux membres, on trouve

$$x = \pm \frac{4}{5}$$

Les racines sont :

$$x' = \frac{4}{5} \quad \text{et} \quad x'' = -\frac{4}{5}$$

2° *Résoudre l'équation* $x^2 + 4 = 0$.
Cette équation donne sucessivement :

$$x^2 = -4$$
$$x = \pm\sqrt{-4} = \pm\sqrt{(-1)4} = \pm 2\sqrt{-1}$$

d'où $\qquad x' = 2\sqrt{-1} \quad \text{et} \quad x'' = -2\sqrt{-1}$

Les deux racines de cette équation sont imaginaires ; on voit d'ailleurs que a et c ont le même signe.

III. — Résolution de l'équation générale du second degré.

151. — **Résolution de l'équation complète.** — Pour résoudre l'équation générale $ax^2 + bx + c = 0$, on transforme le premier membre en une *somme* ou une *différence* de deux carrés.

1° Mettons a en facteur, on a :

$$a\left(x^2 + \frac{bx}{a} + \frac{c}{a} \right) = 0$$

2° Ajoutons et retranchons dans la parenthèse, la quantité $\dfrac{b^2}{4a^2}$, afin d'obtenir le carré du binôme $\left(x + \dfrac{b}{2a} \right)$; il vient :

$$a\left(x^2 + \frac{bx}{a} + \frac{b^2}{4a^2} - \frac{b^2}{4a^2} + \frac{c}{a} \right) = 0$$

ou : $\qquad a\left[\left(x + \dfrac{b}{2a} \right)^2 - \dfrac{b^2 - 4ac}{4a^2} \right] = 0 \qquad (1)$

Trois cas peuvent se présenter, suivant le signe et la valeur de la quantité b^2-4ac.

PREMIER CAS : $b^2-4ac>0$. — La fraction $\dfrac{b^2-4ac}{4a^2}$ est positive ; l'équation (1) peut alors s'écrire :

$$a\left[\left(x+\frac{b}{2a}\right)^2-\left(\frac{\sqrt{b^2-4ac}}{2a}\right)^2\right]=0$$

C'est une différence de deux carrés, qui représente le produit de la somme de deux nombres par leur différence ; on a donc

$$a\left(x+\frac{b}{2a}+\frac{\sqrt{b^2-4ac}}{2a}\right)\left(x+\frac{b}{2a}-\frac{\sqrt{b^2-4ac}}{2a}\right)=0$$

ou :

$$a\left(x+\frac{b+\sqrt{b^2-4ac}}{2a}\right)\left(x+\frac{b-\sqrt{b^2-4ac}}{2a}\right)=0$$

Ce produit ne peut être nul, que si l'un des facteurs variables est nul, ce qui donne :

$$x+\frac{b+\sqrt{b^2-4ac}}{2a}=0$$
$$x+\frac{b-\sqrt{b^2-4ac}}{2a}=0$$

d'où

$$\begin{cases} x''=\dfrac{-b-\sqrt{b^2-4ac}}{2a} \\ x'=\dfrac{-b+\sqrt{b^2-4ac}}{2a} \end{cases}$$

L'équation proposée admet donc *deux racines distinctes*, données par la formule générale suivante :

$$x=\frac{-b\pm\sqrt{b^2-4ac}}{2a}$$

DEUXIÈME CAS : $b^2-4ac=0$. — L'équation (1) se réduit à :

$$\left(x+\frac{b}{2a}\right)^2=0$$

Les solutions deviennent égales à $-\dfrac{b}{2a}$.

L'équation admet alors *deux racines égales* ou *une racine double*.

TROISIÈME CAS : $b^2-4ac<0$. — La fraction $\dfrac{b^2-4ac}{4a^2}$ est <0 ; l'équation (1) peut alors s'écrire :

$$a\left[\left(x+\frac{b}{2a}\right)^2+\left(\frac{\sqrt{b^2-4ac}}{2a}\right)^2\right]=0$$

Or, une somme de deux carrés ne saurait être nulle ; *aucune valeur de x* ne vérifie l'équation. On dit alors que les racines sont *imaginaires*.

Remarques. — I. La quantité b^2-4ac dont dépend la nature des racines, s'appelle *réalisant* ou *discriminant* de l'équation.

II. — Quand les coefficients a et c de l'équation du second degré sont de signes contraires, elle admet deux racines distinctes.

En effet, la quantité b^2-4ac est alors toujours positive.

152. RÉSUMÉ DE LA DISCUSSION.

Si $b^2-4ac > 0$: deux racines réelles distinctes

$$x = \frac{-b \pm \sqrt{b^2-4ac}}{2a}$$

Si $b^2-4ac = 0$: une racine double $x = -\dfrac{b}{2a}$

Si $b^2-4ac < 0$: racines imaginaires.

153. Règle pour obtenir les racines d'une équation du second degré.

— Pour résoudre une équation du second degré :

On prend en signe contraire le coefficient de x *auquel on ajoute et on retranche séparément la racine carrée du nombre formé en retranchant du carré du coefficient de* x *quatre fois le produit du terme connu par le coefficient de* x² *; puis on divise le résultat par le double du coefficient de* x².

154. Applications I. — 1° *Résoudre l'équation* $x^2-9x+20=0$

Pour qu'on puisse identifier les deux équations

$$ax^2+bx+c=0$$
$$x^2-9x+20=0$$

faut que l'on ait :

$$a=1 \qquad b=-9 \qquad c=20$$

En portant ces valeurs dans la formule de résolution

$$x = \frac{-b \pm \sqrt{b^2-4ac}}{2a}$$

on obtient

$$x = \frac{9 \pm \sqrt{81-4.1.20}}{2.1} = \frac{9 \pm 1}{2}$$

Les racines de l'équation donnée sont donc :

$$x' = \frac{9+1}{2} = 5 \qquad x'' = \frac{9-1}{2} = 4$$

2° *Résoudre l'équation* $\dfrac{1}{x-1} + \dfrac{1}{x+1} = \dfrac{5}{12}$

Après avoir chassé les dénominateurs et passé tous les termes dans le premier membre, on obtient

$$5x^2-24x-5=0.$$

Pour que cette équation soit identique à l'équation générale

$$ax^2+bx+c=0$$

faut poser

$$a=5 \qquad b=-24 \qquad c=-5.$$

La formule de résolution

$$x = \frac{-b \pm \sqrt{b^2-4ac}}{2a}$$

devient $\qquad x = \dfrac{24 \pm \sqrt{24^2-4.5(-5)}}{2.5} = \dfrac{24 \pm 26}{10}$

d'où l'on tire

$$x' = \frac{24+26}{10} = 5 \qquad \text{et} \qquad x'' = \frac{24-26}{10} = -\frac{2}{10} = -\frac{1}{5}$$

3° *Résoudre l'équation* $mnx^2-(m+n)x+1=0$

En posant :
$$a=mn \qquad b=-(m+n) \qquad c=1$$

la formule
$$x=\frac{-b\pm\sqrt{b^2-4ac}}{2a}$$

donne
$$x=\frac{(m+n)\pm\sqrt{(m+n)^2-4.mn.1}}{2mn}=\frac{m+n\pm\sqrt{(m-n)^2}}{2mn}$$

Les racines sont par suite :
$$x'=\frac{(m+n)+(m-n)}{2mn}=\frac{2m}{2mn}=\frac{1}{n}$$
$$x''=\frac{(m+n)-(m-n)}{2mn}=\frac{2n}{2mn}=\frac{1}{m}$$

155. Applications II. — Sans résoudre les équations suivantes, dire si leurs racines sont réelles, égales ou imaginaires :

$$1° \quad x^2-22x+120=0$$
$$2° \quad x^2-26x+169=0$$
$$3° \quad x^2-10x+26=0$$

1° La première équation donne
$$b^2-4ac=22^2-4.1.120=484-480=4$$

La quantité b^2-4ac étant positive, la première équation a ses racines réelles et inégales.

2° Dans la seconde, on a
$$b^2-4ac=26^2-4.1.169=676-676=0$$

Dans ce cas, les racines sont réelles et égales.

3° Pour la troisième équation, on a
$$b^2-4ac=10^2-4.1.26=100-104=-4$$

Cette équation a donc ses racines imaginaires.

EXERCICES

Résoudre les équations incomplètes suivantes :

597. $x^2-x=0$

598. $4x^2-12x=0$

599. $x^3-x^2=0$

600. $8x^3-2x=0$

601. $4x^2-1=0$

602. $3x^2-12=0$

603. $7x^2+21x=0$

604. $11x^2-44x=0$

605. $5x^2+40x=0$

606. $\dfrac{2x^2}{3}+\dfrac{3x}{2}=0$

607. $\dfrac{x^2}{a^2}-\dfrac{b^2x^2}{c^2}-1=0$

608. $7x=21x^2$

609. $3x^2=27$

610. $\dfrac{x^2}{2}=\dfrac{a^4}{3}$

611. $0,001x^2-10=0$

612. $x^4-x^2=0$

613. $x^2-a^2=0$

614. $4x^2=a^4$

615. $9=3(x^2-1)$

616. $bx^2+a^2b=ax^2+ab^2$

617. $x^2-16x=0$

618. $4ax^2-bx=0$

619. $x^4-ax^3=0$

Résoudre les équations suivantes :

620. $x^2-7x+12=0$

621. $x^2+7x+12=0$

622. $x^2-3x-18=0$

623. $x^2+3x-18=0$

624. $x^2-9x+20=0$

625. $x^2-x-20=0$

626. $x^2+x-20=0$

627. $x^2-30x+200=0$

628. $x^2+30x+200=0$

629. $x^2-10x-200=0$

630. $x^2+7x+10=0$

631. $8x^2=6x-1$

632. $8x^2+1=-6x$

633. $x^2+100=20x$

634. $x^2-\dfrac{x}{5}+\dfrac{1}{100}=0$

635. $x^2+\dfrac{x}{5}+\dfrac{1}{100}=0$

636. $2x^2=5x-2$

637. $10x-3=3x^2$

638. $x^2=15x-50$

639. $9x-20-x^2=0$

640. $22x-x^2=121$

641. $6x^2-5x+1=0$

642. $25=15x-2x^2$

643. $12x-35=x^2$

644. $-101x+10x^2+10=0$

645. $25x^2-20x+4=0$

646. $x^2-6x+8=0$

647. $2x^2-5x+3=0$

648. $2x^2-13x+3,125=0$

649. $x^2+x-2=0$

650. $x^2+2x-99=0$

651. $x^2-100x+2500=0$

652. $x^2+12x+35=0$

653. $x^2-16x-17=0$

654. $52x^2-28x+1=0$

655. $16x^2-8x=15$

656. $x^2-10,1x+1=0$

657. $4x^2+3x+0,5=0$

658. $121x^2-44x=5$

659. $4x^2=3x+1$

660. $x^2-20,05x+1=0$

661. $17x=x^2+66$

662. $x(x+23)+60=0$

663. $x(x-19)+84=0$

664. $x(x+19)+84=0$

665. $x(3x-10)=-8$

666. $x(3x+10)=-8$

667. $10x(10x-4)+3=0$

668. $x(1000x-710)+7=0$

669. $(6x-1)(6x-1)=0$

670. $440=x(3x+14)$

671. $(x-17)(x-3)=0$

672. $1-8x(6x-1)=0$

673. $(x-30)^2=0$

674. $x(x-2)=2(x+6)$

675. $x(x+140)-7200=0$

676. $(x+2)^2=4(6-x)$

677. $x^2-5(x+10)=0$

678. $(x-4)^2=64-16x$

679. $x^2-36-1=8-4x$

680. $y(y+1)-120+y=0$

681. $z(2z-92)=z^2+800$

682. $2y(y-15)+240-y(y+1)=0$

683. $(y+20)(y-20)+42y=0$

684. $4x^2-\dfrac{7x}{2}+\dfrac{3}{8}=0$

685. $10x^2-\dfrac{3}{2}=\dfrac{11x}{2}$

686. $10x^2+6=5x\left(x+\dfrac{31}{5}\right)$

687. $3x\left(x+\dfrac{10}{3}\right)-8=0$

688. $6y^2-\dfrac{7y}{2}-5=0$

689. $4(z+3)(z-3)=7z$

690. $15x^2=\dfrac{2}{5}(5x+6)+10x^2$

691. $u+\dfrac{1}{u-3}=5$

692. $y-\dfrac{12-y}{4(y-3)}=\dfrac{11}{2}$

693. $\dfrac{6x+33}{x}=15-(x-5)$

694. $4x^2(x+2)^3=8x^4(x+2)^2$

695. $\dfrac{x}{x+1}+\dfrac{x+1}{x}=\dfrac{13}{6}$

696. $\dfrac{y}{y+1}+\dfrac{y}{y+4}=1$

697. $\left(\dfrac{x^2-24}{5}\right)4+(x^2-37)=32$

698. $(x-3)^2-2(x^2-9)=0$

699. $(x-1)(x-2)-12=0$

700. $(x-7)(x+4)-5,75=0$

701. $(x-7)(x+4)+(x-4)(x-3)$
$=84$

702. $x=8-\dfrac{12}{x}$

703. $x(x-8)+12=0$

704. $\dfrac{x-2}{9}=\dfrac{1}{x-2}$

705. $\dfrac{1}{x-1}+\dfrac{1}{x+1}=\dfrac{5}{12}$

706. $\dfrac{x-1}{x+1}=\dfrac{7}{3x}$

707. $2=\dfrac{2x-20}{2x-8}-x$

708. $\dfrac{3(2x-1)}{2x+1}-\dfrac{2(2x+1)}{2x-1}-5=0$

709. $\dfrac{x-1}{\frac{x}{2}-1}-\dfrac{x-3}{\frac{x}{2}}+\dfrac{1}{6}=0$

710. $\dfrac{9x^2}{5}-\dfrac{7x}{3}+2=2x^2-\dfrac{x}{2}+\dfrac{1}{3}$

711. $3(x-5)(x-2)=7(x-4)(x-6)-48$

712. $\dfrac{x-10}{x+10}=\dfrac{37+x}{23-x}$

713. $\dfrac{4}{7(x^2-1)}+\dfrac{1}{9(x+1)}=\dfrac{1}{63}$

714. $\dfrac{x+6}{x-6}+\dfrac{x-6}{x+6}=\dfrac{17}{4}$

715. $\dfrac{x-5}{2}=\dfrac{5}{x-2}$

716. $\dfrac{x^2-36}{8}+\dfrac{x^2-64}{6}=14$

Résoudre les équations littérales suivantes :

717. $x^2-(a+b)x+ab=0$

718. $x^2-2ax+a^2=0$

719. $x^2-2(a+b)x+4ab=0$

720. $x^2-2ax \times a^2-1=0$

721. $x^2-(2a+1)x+a^2+a=0$

722. $a^2x^2-2ax-3=0$

723. $abx^2-(a+b)x+1=0$

724. $abx^2-(a-b)x-1=0$

725. $ax^2-(a^2+1)x+a=0$

726. $x^2-9ax-10a^2=0$

727. $x^2-2ax+a^2-b^2=0$

728. $bx^2-(ab^2+a)x+a^2b=0$

729. $x^2-2(a+b)x+(a+b)^2=0$

730. $m^2y^2-5my+4=0$

CHAPITRE III

PROPRIÉTÉS ET DISCUSSION DES RACINES
DE L'ÉQUATION DU SECOND DEGRÉ

I. — Propriétés des racines.

156. Théorème. — *La somme des racines de l'équation*
$$ax^2+bx+c=0$$
est égale au coefficient de x *pris en signe contraire et divisé par le coefficient de* x^2.

Les racines de l'équation $ax^2+bx+c=0$, sont :
$$\begin{cases} x'=\dfrac{-b+\sqrt{b^2-4ac}}{2a} \\[2mm] x''=\dfrac{-b-\sqrt{b^2-4ac}}{2a} \end{cases}$$

Additionnons membre à membre, nous avons :

$$x' + x'' = \frac{-2b}{2a} = -\frac{b}{a}$$

157. Théorème. — *Le produit des racines est égal au terme tout connu divisé par le coefficient de* x².

Si l'on multiplie membre à membre les valeurs ci-dessus de x' et x'', on a :

$$x'x'' = \frac{\left[(-b) + \sqrt{b^2 - 4ac}\right]\left[(-b) - \sqrt{b^2 - 4ac}\right]}{4a^2}$$

le numérateur est le produit de la somme de deux nombres par leur différence ; en effectuant, on a :

$$x'x'' = \frac{(-b)^2 - \left(\sqrt{b^2 - 4ac}\right)^2}{4a^2} = \frac{b^2 - b^2 + 4ac}{4a^2} = \frac{4ac}{4a^2}$$

ou :

$$x'x'' = \frac{c}{a}$$

158. Théorème. — *Le premier membre de l'équation* ax² + bx + c = 0 *est égal à* a(x — x')(x — x'').

On doit avoir :

$$ax^2 + bx + c = a(x - x')(x - x'')$$

Posons

$$A = ax^2 + bx + c = a\left(x^2 + \frac{b}{a}x + \frac{c}{a}\right)$$

et remplaçons $\frac{b}{a}$ et $\frac{c}{a}$ par leurs valeurs tirées des deux théorèmes précédents ; ces valeurs sont :

$$\frac{b}{a} = -(x' + x'') \qquad \frac{c}{a} = x'x''$$

Après la substitution, il vient

$$A = a[x^2 - (x' + x'')x + x'x''] = a(x^2 - x'x - x''x + x'x'')$$

Si l'on met en facteur x dans les deux premiers termes et $-x''$ dans les deux derniers, on a encore

$$A = a[x(x - x') - x''(x - x')]$$

Enfin, après avoir mis $x - x'$ en facteur, nous obtenons

$$A = a(x - x')(x - x'')$$

ou

$$ax^2 + bx + c = a(x - x')(x - x'')$$

ce qu'il fallait démontrer.

REMARQUE. — Cette propriété se déduit aussi directement de ce que l'on a vu au N° 151, premier cas.

II. — Applications diverses.

159. — *Trouver la somme et le produit des racines de chacune des équations suivantes :*

$$1° \quad 4x^2-7x+3=0$$
$$2° \quad x^2+11x+28=0$$

D'après les théorèmes (156-157), on a :

$$1° \qquad x'+x''=-\frac{b}{a}=\frac{7}{4} \qquad \text{et} \qquad x'x''=\frac{c}{a}=\frac{3}{4}$$

$$2° \qquad x'+x''=-\frac{b}{a}=-11 \quad \text{et} \quad x'x''=\frac{c}{a}=28$$

160. — *Étant données les équations à racines réelles*

$$x^2-5x+4=0$$
$$x^2+3x-4=0$$

trouver, sans résoudre, les signes des racines.

Dans la première équation, le produit des racines est 4 ; comme il est positif, les deux racines sont de même signe; la somme des racines étant aussi positive, puisqu'elle est égale à 5, les deux racines sont, par suite, toutes deux positives.

Dans la seconde équation, on a

$$x'x''=-4 \qquad \text{et} \qquad x'+x''=-3$$

Puisque le produit des racines est négatif, ces deux racines sont l'une positive et l'autre négative; comme leur somme est négative, il en résulte que la plus grande en valeur absolue est négative.

161. — *Décomposer en facteurs le premier membre de chacune des équations suivantes :*

$$1° \quad 64x^2-8x-2=0$$
$$2° \quad x^2-10x+21=0$$

1° Calculons les racines de la première équation ; ces racines sont:

$$x'=\frac{1}{4} \qquad x''=-\frac{1}{8}$$

D'après le théorème (158), on a

$$64x^2-8x-2=64(x-x')x-x''=64\left(x-\frac{1}{4}\right)\left(x+\frac{1}{8}\right)$$

ou
$$64x^2-8x-2=(8x-2)(8x+1)$$

2° Les racines de la seconde équation étant 3 et 7, on a :
$$x^2-10x+21=(x-3)(x-7)$$

162. — *Simplifier la fraction :*

$$y=\frac{x^2-9x+20}{x^2-12x+32}$$

On a
$$x^2-9x+20=(x-4)(x-5)$$

et
$$x^2-12x+32=(x-4)(x-8)$$

Il en résulte que
$$y=\frac{(x-4)(x-5)}{(x-4)(x-8)}=\frac{x-5}{x-8}$$

163. — *Construire les équations dont les racines sont :*

$$1° \quad 5 \text{ et } 7 \qquad 2° \quad 2 \text{ et } \frac{3}{5} \qquad 3° \quad 4 \text{ et } -\frac{5}{6}$$

1° La somme des racines étant $5+7=12$, et le produit $5.7=35$, l'équation cherchée est (156-157)

$$x^2-12x+35=0$$

2° La somme et le produit des racines étant $\frac{13}{15}$ et $\frac{6}{5}$, l'équation cherchée est

$$x^2-\frac{13x}{5}+\frac{6}{5}=0 \qquad \text{ou} \qquad 5x^2-13x+6=0$$

3° On peut construire la troisième équation comme les deux précédentes. On peut aussi se servir du théorème (158). On a

$$a(x-x')(x-x'')=(x-4)\left(x+\frac{5}{6}\right)=x^2-\frac{19x}{6}-\frac{10}{3}=0$$

ou bien

$$6x^2-19x-20=0$$

164. *Trouver une équation dont les racines soient les inverses de celles de l'équation.*

$$ax^2+bx+c=0$$

Si x' et x'' sont les racines de l'équation donnée, et si y' et y'' sont celles de l'équation cherchée, on doit avoir :

$$y'=\frac{1}{x'} \qquad \text{et} \qquad y''=\frac{1}{x''}$$

On déduit de là

$$y'+y''=\frac{1}{x'}+\frac{1}{x''}=\frac{x'+x''}{x'x''}$$

$$y'y''=\frac{1}{x'}\times\frac{1}{x''}=\frac{1}{x'x''}$$

Mais dans l'équation donnée, on a (156-157) :

$$x'+x''=-b/a \qquad \text{et} \qquad x'x''=c/a$$

Il résulte de là que les égalités précédentes deviennent

$$y'+y''=\frac{x'+x''}{x'x''}=\frac{-b/a}{c/a}=-\frac{b}{c}$$

$$y'y''=\frac{1}{x'x''}=\frac{1}{c/a}=\frac{a}{c}$$

L'équation cherchée est, par suite,

$$y^2+\frac{b}{c}y+\frac{a}{c}=0 \qquad \text{ou bien} \qquad cy^2+by+a=0$$

III. Discussion des racines de l'équation du second degré.

165. Problème. — *Discuter a priori, les racines de l'équation :*

$$ax^2+bx+c=0.$$

Discuter a priori les racines de cette équation, c'est reconnaître, sans la résoudre, si elle a des racines et quel est leur signe.

Pour cela, on calcule :

1° Le DISCRIMINANT Δ de l'équation, c'est-à-dire l'expression $b^2 - 4ac$, et l'on voit immédiatement *la nature* des racines.

2° Le PRODUIT $P = \dfrac{c}{a}$ des racines. Si le produit est *positif*, les deux racines ont le *même signe* ; elles sont toutes les deux positives, ou toutes les deux négatives ; si le produit est *négatif*, les racines sont de signes contraires.

3° La somme $S = -\dfrac{b}{a}$ des racines.

Si le *produit* est *positif*, les deux racines ont le *même signe* que la somme, si le *produit est négatif*, la *plus grande* racine a le même signe que la *somme*.

166. RÉSUMÉ DE LA DISCUSSION.

$$\Delta \text{ ou } b^2 - 4ac > 0 \begin{cases} \dfrac{c}{a} \text{ ou } P > 0 \begin{cases} -\dfrac{b}{a} \text{ ou } S > 0 : \text{deux racines positives} \\[2mm] \text{Racines} \\ \text{de même signe} \begin{cases} -\dfrac{b}{a} \text{ ou } S < 0 : \text{deux racines négatives.} \end{cases} \\[2mm] \dfrac{c}{a} \text{ ou } P = 0 : \text{Une racine} = -\dfrac{b}{a} ; \text{ l'autre} = 0. \\[4mm] \dfrac{c}{a} \text{ ou } P < 0 \begin{cases} -\dfrac{b}{a} \text{ ou } S > 0 \begin{cases} \text{La plus grande ra-} \\ \text{cine en val. absolue} \\ \text{est positive.} \end{cases} \\[2mm] -\dfrac{b}{a} \text{ ou } S = 0 : \text{racines opposées.} \\[2mm] -\dfrac{b}{a} \text{ ou } S < 0 \begin{cases} \text{La plus grande ra-} \\ \text{cine en valeur abso-} \\ \text{lue est négative.} \end{cases} \end{cases} \end{cases}$$

Δ ou $b^2 - 4ac = 0$: une racine double $= -\dfrac{b}{2a}$

Δ ou $b^2 - 4ac < 0$: pas de racines (ou racines imaginaires).

EXERCICES D'APPLICATION

167. *Quelles valeurs faut-il donner à m, pour que l'équation*
$$2x^2 - 5x + m - 2 = 0$$
admette deux racines positives ?

Pour que l'équation ait deux racines positives, il faut que les trois conditions suivantes soient satisfaites :

$$\Delta = b^2 - 4ac > 0 ; \qquad P = \dfrac{c}{a} > 0 ; \qquad S = -\dfrac{b}{a} > 0.$$

Or,

$$\Delta = 25 - 4 \times 2(m - 2) = 25 - 8m + 16 = 41 - 8m.$$
$$P = \dfrac{m - 2}{2} ; \qquad S = \dfrac{5}{2}.$$

La somme est toujours positive ; pour que le produit le soit, il faut que l'on ait

$$\dfrac{m - 2}{2} > 0 \qquad \text{ou} \qquad m > 2$$

Le discriminant sera positif pour $m < \dfrac{41}{8}$ ou $5\dfrac{1}{8}$

Les valeurs demandées seront comprises entre 2 et 5 1/8, et l'on aura :

$$2 < m < 5\dfrac{1}{8}$$

168. *Discuter les racines de l'équation :*

$$3x^2 - 2(m+1)x + \dfrac{m^2-9}{3} = 0$$

Pour que les racines soient réelles, on doit avoir :

$$\Delta = 4(m+1)^2 - 4 \times 3 \times \dfrac{m^2-9}{3} \geqq 0$$

ou

$$\Delta = 8m + 40 \geqq 0$$

ou enfin :

$$m \geqq -5$$

Calculons le produit et la somme des racines.

On a :

$$P = \dfrac{c}{a} = \dfrac{m^2-9}{9} = \dfrac{(m+3)(m-3)}{9}$$

$$S = -\dfrac{b}{a} = \dfrac{2(m+1)}{3}$$

En nous reportant aux numéros 122 et 123, relatifs au signe du binôme du premier degré, nous pouvons déterminer aisément les signes du produit et de la somme.

Le *produit* s'annule pour $m = -3$ et pour $m = 3$. Le tableau suivant nous permet de déterminer le signe du produit, quand m varie de $-\infty$ à $+\infty$.

m	$-\infty$		-3		$+3$		$+\infty$
$m+3$	$-\infty$	négatif	0		positif		$+\infty$
$m-3$	$-\infty$		négatif		0		$+\infty$
P		positif		négatif		positif	

Ainsi, le produit est positif quand les deux facteurs $(m+3)$ et $(m-3)$ sont de même signe, c'est-à-dire lorsqu'on a :

$$m < -3 \quad \text{et} \quad m > 3.$$

La *somme* s'annule pour $m = -1$; elle est positive lorsqu'on a : $m > -1$.

Les valeurs remarquables de m, mises par ordre de grandeur croissante sont :

$$-5, \qquad -3, \qquad -1, \qquad 3$$

En faisant varier m, dans ces différents intervalles, on obtient aisément la nature et le signe correspondant des racines, au moyen du tableau suivant :

m	Δ	P	S	Racines
$-\infty$				
	$-$	$+$	$-$	Pas de racines.
-5	$-0-$	$+$	$-$	Une racine double négative : $x=-\dfrac{2}{3}$
	$+$	$+$	$-$	Deux racines négatives.
-3	$+$	$-0-$	$-$	Une racine $=0$; l'autre $=-\dfrac{b}{a}=-\dfrac{4}{3}$
		$-$	$-$	Deux racines de signes contraires la plus grande négative.
-1	$+$	$-$	$-0-$	$-$ Deux racines opposées.
		$-$	$+$	Deux racines de signes contraires la plus grande positive.
$+3$	$+$	$-0-$	$+$	Une racine $=0$; l'autre $=-\dfrac{b}{a}=+\dfrac{8}{3}$
	$+$	$+$	$+$	Deux racines positives.
$+\infty$				

EXERCICES SUR LES PROPRIÉTÉS DES RACINES

Pour chacune des équations suivantes, donner la somme et le produit des racines :

731. $x^2-9x+8=0$

732. $x^2-9x+20=0$

733. $x^2-x-1=0$

734. $x^2+16x+64=0$

735. $7x^2+2x+11=0$

736. $x^2-4x+4=0$

737. $x^2-4x+5=0$

738. $18a^2x^2+9a^2x+1=0$

739. $11x^2-121x=0$

740. $64x^2-1=10$

741. $20x^2-401x+20=0$

742. $x^2-11ax+30a^2=0$

Sans résoudre les équations suivantes, dire à priori les signes de leurs racines :

743. $x^2-23x+60=0$

744. $x^2-17x-60=0$

745. $x^2+23x+60=0$

746. $x^2+17x-60=0$

747. $x^2-30x+200=0$

748. $x^2-0,3x+0,04=0$

749. $x^2+100x+900=0$

750. $x^2+(b^2-a^2)x-a^2b^2=0$

Décomposer en facteurs le premier membre de chacune des équations suivantes :

751. $x^2-7x+12=0$

752. $x^2-2x-120=0$

753. $x^2+10x+9=0$

754. $3x^2-10x+3=0$

755. $x^2-50x-51=0$

756. $81x^2-189x+110=0$

757. $x^3-1=0$

758. $x^2-16x=0$

759. $x^2-(a+1)x+a=0$

760. $10x^2-101x+10=0$

Simplifier les fractions suivantes :

761. $\dfrac{x^2-9x+20}{x^2-11x+30}$

762. $\dfrac{x^2-11x+28}{x^2-18x+77}$

763. $\dfrac{x^2-2x+1}{x^2-6x+5}$

764. $\dfrac{x^2-4x}{x^2-13x+36}$

765. $\dfrac{x^2-9}{x^2-3.5x+1,5}$

766. $\dfrac{x^2-16}{x^2-5x+4}$

767. $\dfrac{x^2-3x-10}{x^2-8x+15}$

768. $\dfrac{x^2+6x-27}{x^2-9x+18}$

769. $\dfrac{x-1}{x^2-31x+30}$

770. $\dfrac{x^2-13x+40}{(x^2-9x+20)(x^2-17x+72)}$

771. $\dfrac{x^2-x-6}{x^2+x-12}$

772. $\dfrac{x^2+6x+9}{3x^2+6x-9}$

773. $\dfrac{(x^2-3x-4)(x^2+4x-5)}{(x^2-1)(x^2+x-20)}$

774. $\dfrac{x^3+33x^2+230x}{x^4-629x^2+52900}$

Former les équations qui ont pour racines les nombres suivants

775. $3,\quad 5$

776. $10,\quad -1$

777. $-40,\quad -40$

778. $m,\quad 2m.$

779. $a,\quad 1/a$

780. $a,\quad -a$

781. $a+b,\quad a-b$

Dans l'équation $x^2-ax+3600=0$, quelle doit être la valeur de a pour que l'on ait :

782. $x'=20$

783. $x'=30$

784. x' et x'' imaginaires

785. $x'=x''$

786. $x'=2x''$

787. $x'=-x''$

788. $x'=1/x''$

789. $x'+x''=100$

790. $x'=x''/2$

791. $x'=1$

792. $x'=x''+5$

793. $1/x'+1/x''=1$

Dans l'équation $x^2-16x+c=0$, déterminer c de manière que l'on ait :

794. $x'=x''$

795. $x'=7x''$

796. $x'=1/x''$

797. $x'-x''=2$

798. $x'^2+x''^2=136$

799. $x'^2-x''^2=160$

800. $x'=1$

801. $x''=100$

802. $x'=-x''/2$

803. x' et x'' imaginaires

804. $x'=x''+1$

805. $1/x'+1/x''=10$

CHAPITRE IV

SYSTÈMES D'ÉQUATIONS ET PROBLÈMES DU DEUXIÈME DEGRÉ

I. — Résolution de quelques systèmes.

178. — *Résoudre le système* $x+y=32$, $xy=231$. De la première équation, on tire :
$$y=32-x$$
En portant cette valeur dans la deuxième équation, elle devient
$$x(32-x)=231 \qquad \text{ou} \qquad x^2-32x+231=0$$
Elle a pour racines
$$x'=21 \qquad \text{et} \qquad x''=11$$
Les valeurs de y seront :
$$y'=32-x'=32-21=11$$
$$y''=32-x''=32-11=21$$
Les solutions du système sont donc :
$$1° \quad x=21, \quad y=11 ; \qquad 2° \quad x=11, \quad y=21.$$

179. — *Résoudre le système* $x^2+y^2=113$, $xy=56$.
Si à la première équation on ajoute deux fois la seconde, on obtient
$$x^2+y^2+2xy=113+56\times2 \qquad \text{où} \quad (x+y)^2=225$$
On tire de là
$$x+y=\pm15$$
et par suite
$$x+y=15 \ (1) \qquad x+y=-15 \ (2)$$
En retranchant de la première équation deux fois la seconde, on trouve de même
$$x^2+y^2-2xy=113-56\times2 \qquad \text{ou} \qquad (x-y)^2=1$$
On en déduit
$$x-y=\pm1$$
et par suite
$$x-y=1 \ (3), \qquad x-y=-1 \ (4)$$
Par addition et soustraction,
$$\begin{array}{llll}
(1) \text{ et } (3) & \text{donnent} & x=8, & y=7 \\
(1) \text{ et } (4) & - & x=7, & y=8. \\
(2) \text{ et } (3) & - & x=-7, & y=-8. \\
(2) \text{ et } (4) & - & x=-8, & y=-7.
\end{array}$$
Le système proposé a les quatre solutions suivantes :
$$\begin{array}{llll}
1° \ x=8, & y=7 ; & 3° \ x=-8, & y=-7 \\
2° \ x=7, & y=8 ; & 4° \ x=-7, & y=-8.
\end{array}$$

180. — *Trouver les solutions du système*

$$x+y=33, \qquad x^2+y^2=605.$$

La valeur de y tirée de la première équation et portée dans la seconde donne l'équation

$$2x^2-66x+484=0 \qquad \text{ou} \qquad x^2-33x+242=0$$

dont les racines sont :

$$x'=22 \qquad \text{et} \qquad x''=11$$

Pour ces deux valeurs de x, la première équation donne

$$y=33-x'=33-22=11$$

et

$$y=33-x''=33-11=22$$

Les solutions cherchées sont :

$$1° \quad x=22, \quad y=11 ; \qquad 2° \quad x=11, \quad y=22.$$

181. — *Résoudre le système*

$$x^2-y^2=48, \qquad x+y=24.$$

En divisant la première équation par la seconde, il vient

$$\frac{x^2-y^2}{x+y}=\frac{48}{24} \qquad \text{ou} \qquad x-y=2$$

Les deux équations

donnent

$$x+y=24 \quad \text{et} \quad x-y=2$$
$$x=13 \quad \text{et} \quad y=11$$

182. — *Trouver les solutions du système*

$$x^2-y^2=a^2, \qquad x=by$$

En portant la valeur de x dans la première équation, elle devient

$$(by)^2-y^2=a^2 \qquad \text{ou} \qquad y^2=\frac{a^2}{b^2-1}$$

On tire de là :

$$y=\pm\frac{a}{\sqrt{b^2-1}}$$

et par suite,

$$x=\pm\frac{ab}{\sqrt{b^2-1}}$$

Les solutions du système proposé sont donc :

$$1° \quad x=+\frac{ab}{\sqrt{b^2-1}} \qquad y=+\frac{a}{\sqrt{b^2-1}}$$

$$2° \quad x=-\frac{ab}{\sqrt{b^2-1}} \qquad y=+\frac{a}{\sqrt{b^2-1}}$$

$$3° \quad x=+\frac{ab}{\sqrt{b^2-1}} \qquad y=-\frac{a}{\sqrt{b^2-1}}$$

$$4° \quad x=-\frac{ab}{\sqrt{b^2-1}} \qquad y=-\frac{a}{\sqrt{b^2-1}}$$

Remarque. — 1° La deuxième équation pouvant s'écrire

$$\frac{x}{y}=b$$

on voit que si b est positif, x et y doivent être de mêmes signes, et qu'au contraire, x et y sont de signes contraires si b est négatif. Dans le premier cas, le système a les deux solutions 1° et 4°, et dans le second cas il a les solutions 2° et 3°.

2° Il est évident que les valeurs trouvées sont réelles ou imaginaires selon que b^2-1 est supérieur ou inférieur à 0.

II. — Equations bicarrées.

183. Résolution de l'équation bicarrée. — On appelle équation *bicarrée*, celle qui renferme la quatrième et la seconde puissance de l'inconnue avec un terme tout connu. Elle est de la forme

$$ax^4 + bx^2 + c = 0$$

Pour résoudre cette équation, nous poserons

$$x^2 = y, \qquad \text{d'où} \qquad x^4 = y^2$$

L'équation bicarrée deviendra

$$ay^2 + by + c = 0$$

elle donne pour racines

$$y = \frac{-b \pm \sqrt{b^2 - 4ac}}{2a}$$

En remplaçant y par x^2, nous aurons

$$x^2 = \frac{-b \pm \sqrt{b^2 - 4ac}}{2a} \quad \text{ou} \quad x = \pm \sqrt{\frac{-b \pm \sqrt{b^2 - 4ac}}{2a}}$$

et en séparant les racines,

$$1° \qquad x' = + \sqrt{\frac{-b + \sqrt{b^2 - 4ac}}{2a}}$$

$$2° \qquad x'' = - \sqrt{\frac{-b + \sqrt{b^2 - 4ac}}{2a}}$$

$$3° \qquad x''' = + \sqrt{\frac{-b - \sqrt{b^2 - 4ac}}{2a}}$$

$$4° \qquad x^{IV} = - \sqrt{\frac{-b - \sqrt{b^2 - 4ac}}{2a}}$$

Application. — *Résoudre l'équation* $x^4 - 106x^2 + 2025 = 0$.

En remplaçant dans les 4 racines ci-dessus a par 1, b par -106 et c par 2025, on aura

$$x' = + \sqrt{\frac{106 + \sqrt{106^2 - 4.2025}}{2}} = 9$$

$$x'' = - \sqrt{\frac{106 + \sqrt{106^2 - 4.2025}}{2}} = -9$$

$$x''' = + \sqrt{\frac{106 - \sqrt{106^2 - 4.2025}}{2}} = 5$$

$$x^{IV} = - \sqrt{\frac{106 - \sqrt{106^2 - 4.2025}}{2}} = -5$$

184. *Transformation des expressions de la forme :*

$$\sqrt{A \pm \sqrt{B}}$$

La résolution des équations bicarrées conduit généralement à des expressions ayant un radical double. Souvent, on peut le transformer en une somme de deux radicaux simples.

En effet, posons :

$$\sqrt{A \pm \sqrt{B}} = \sqrt{x} \pm \sqrt{y}$$

Elevons au carré ; on a :

$$A \pm \sqrt{B} = x \pm 2\sqrt{xy} + y$$

Lorsque dans une égalité, il y a des parties rationnelles, et des parties irrationnelles, les premières sont égales entre elles, et les secondes aussi.

On a donc : $\qquad\qquad x + y = A$

et

$$2\sqrt{xy} = \sqrt{B} \qquad \text{ou} \qquad 4xy = B$$

et enfin :

$$xy = \frac{B}{4}$$

Connaissant la somme et le produit de deux nombres, ceux-ci sont les racines de l'équation :

$$X^2 - AX + \frac{B}{4} = 0$$

On en tire :

$$\left.\begin{array}{c} x \\ y \end{array}\right\} = \frac{A \pm \sqrt{A^2 - B}}{2}$$

Le radical double disparaîtra, si $A^2 - B$ est un carré parfait.

EXEMPLE. — *Transformer l'expression*

$$\sqrt{2 + \sqrt{3}}$$

en une somme de radicaux simples.

On a successivement :

$$\sqrt{x} + \sqrt{y} = \sqrt{2 + \sqrt{3}}$$
$$x + y + 2\sqrt{xy} = 2 + \sqrt{3}$$

d'où l'on tire :

$$x + y = 2, \qquad xy = \frac{3}{4}$$

On forme l'équation :

$$X^2 - 2X + \frac{3}{4} = 0$$

dont les racines sont :

$$X = \frac{2 \pm \sqrt{4 - 3}}{2} = \frac{2 \pm 1}{2}$$

L'expression proposée devient donc :

$$\sqrt{2 + \sqrt{3}} = \sqrt{\frac{3}{2}} + \sqrt{\frac{1}{2}} = \sqrt{\frac{6}{4}} + \sqrt{\frac{2}{4}} = \frac{1}{2}(\sqrt{6} + \sqrt{2})$$

185. — *Équations réciproques du 3e degré.*

Une équation est dite réciproque, quand on peut remplacer, dans cette équation, x par $\frac{1}{x}$, et qu'on obtient une équation équivalente.

Dans ce cas, les coefficients équidistants des extrêmes sont égaux.

Ainsi, l'équation $3x^3 - 13x^2 + 13x - 3 = 0$ (1) est une équation réciproque, car si l'on remplace x par $\frac{1}{x}$, on a :

$$3\left(\frac{1}{x}\right)^3 - 13\left(\frac{1}{x}\right)^2 + 13\left(\frac{1}{x}\right) - 3 = 0$$

équation équivalente à la première, si l'on fait disparaître les dénominateurs.

Pour résoudre l'équation (1), groupons deux à deux les termes de même coefficient, nous aurons :
$$3(x^3-1)-13x(x-1)=0$$

Mettons $(x-1)$ en facteur :
$$(x-1)[3(x^2+x+1)-13x]=0$$
ou :
$$(x-1)(3x^2-10x+3)=0$$

Cette équation se dédouble ainsi :
$$x-1=0 \qquad \text{d'où} \qquad x'=1$$
et
$$3x^2-10x+3=0, \qquad \text{d'où} \qquad x=\frac{10\pm\sqrt{100-36}}{6}$$

c'est-à-dire :
$$x=\frac{10\pm8}{6}$$

d'où
$$x''=3, \quad x'''=\frac{1}{3}$$

186. — *Equations réciproques du 4e degré.* — Soit à résoudre l'équation :
$$x^4-3x^3+4x^2-3x+1=0 \tag{1}$$

Groupons encore les termes de mêmes coefficients
$$(x^4+1)-3(x^3+x)+4x^2=0$$

Divisons par x^2 :
$$\left(x^2+\frac{1}{x^2}\right)-3\left(x+\frac{1}{x}\right)+4=0 \tag{2}$$

Posons :
$$y=x+\frac{1}{x} \tag{3}$$

d'où :
$$y^2=x^2+\frac{1}{x^2}+2 \quad \text{et} \quad y^2-2=x^2+\frac{1}{x^2}$$

En portant ces valeurs dans (2) on a :
$$(y^2-2)-3y+4=0.$$
ou :
$$y^2-3y+2=0.$$
dont les racines sont :
$$y=\frac{3\pm\sqrt{9-8}}{2}, \text{ ou } y'=2, \ y''=1$$

L'équation (3) devient
$$x+\frac{1}{x}=2 \qquad \text{ou} \qquad x+\frac{1}{x}=1$$

c'est-à-dire :
$$x^2-2x+1=0 \quad \text{et} \quad x^2-x+1=0,$$

d'où l'on tire :
$$x'=x''=1 \qquad \text{et} \qquad \left.\begin{array}{c}x'''\\x^{iv}\end{array}\right\}=\frac{1\pm\sqrt{-3}}{2}$$

III. — Résolution des problèmes du second degré.

187. Problème I. — *Trouver un nombre tel que si on lui ajoute son carré on obtienne 2550.*

Soient x et x^2 un nombre et son carré, on a l'équation :
$$x+x^2=2550 \quad \text{ou} \quad x^2+x-2550=0$$
Les racines sont $x'=50$ et $x''=-51$.
Ces deux nombres satisfont à la question.

188. Problème II. — *Quel est le nombre qui, diminué de sa racine carrée, devient 3660?*

Soient x^2 et x ce nombre et sa racine carrée ; on a

$$x^2 - x = 3660 \qquad \text{ou} \qquad x^2 - x - 3660 = 0$$

Les racines de cette équation sont :

$$x' = 61 \qquad \text{et} \qquad x'' = -60$$

par suite, le nombre cherché est $61^2 = 3721$. La seconde solution satisfait aussi, car l'on a :

$$(-60)^2 - (-60) = 3660$$

189. Problème III. — *Un certain nombre de personnes louent une voiture 32 fr. Au moment du départ, deux d'entre elles sont absentes; les autres sont obligées de donner chacune 0 fr. 80 de plus. Combien y avait-il d'abord de voyageurs?*

Soient x le nombre des personnes et y ce que paie chacune d'elles. On a d'abord l'équation

$$xy = 32 \qquad\qquad (1)$$

Au moment du départ, le nombre des personnes est $x-2$ et chacune paie $y+0,80$; on a donc

$$(x-2)(y+0,80) = 32$$

ou

$$xy - 2y + 0,80x = 33,60$$

Si, dans cette dernière équation, on remplace xy par sa valeur 32 tirée de (1), il vient

$$2x = 5y + 4 \qquad\qquad (2)$$

En portant la valeur de x tirée de (2) dans l'équation (1), cette dernière devient

$$5y^2 + 4y - 64 = 0$$

Elle donne pour racine 3,20. L'équation (1) donne ensuite

$$x = \frac{32}{y} = \frac{32}{3,2} = 10$$

Il y avait donc 10 personnes.

190. Problème IV. — *Dans un triangle rectangle, on connaît le côté b de l'angle droit et la hauteur h qui tombe sur l'hypoténuse. Calculer l'hypoténuse a et l'autre côté c.*

On a d'abord $\qquad a^2 = b^2 + c^2 \qquad\qquad (1)$

D'autre part, le triangle a pour surface $bc/2$ ou $ah/2$; la seconde équation est donc

$$bc = ah \qquad\qquad (2)$$

De cette équation on tire

$$a = \frac{bc}{h} \qquad\qquad (3)$$

L'équation (1) devient

$$\frac{b^2c^2}{h^2} = b^2 + c^2 \qquad \text{ou} \qquad (b^2 - h^2)c^2 = b^2h^2$$

Elle donne

$$c = \frac{bh}{\sqrt{b^2 - h^2}}$$

L'équation (3) fournit a ; on a en effet

$$a = \frac{bc}{h} = \frac{b}{h} \times \frac{bh}{\sqrt{b^2 - h^2}} = \frac{b^2}{\sqrt{b^2 - h^2}}$$

Les côtés cherchés sont donc :

$$c = \frac{bh}{\sqrt{b^2 - h^2}} \quad \text{et} \quad a = \frac{b^2}{\sqrt{b^2 - h^2}}$$

191. Problème V. — *Trouver un point également éclairé sur une droite AB de 6 m. qui joint deux lumières équivalentes, l'une à 9 bougies et l'autre à 4.*

Soit A et B les deux lumières et O le point cherché. Si x est la distance de A au point O, $6 - x$ sera la distance de B au même point.

$$\underset{A}{\bullet} \qquad \underset{O}{\bullet} \qquad \underset{B}{\bullet} \qquad \underset{O'}{\bullet}$$

Or, on sait que les éclairements sont inversement proportionnels aux carrés des distances des points éclairés aux sources lumineuses.

Un point situé à 1 m. de distance de A recevant un éclairement égal à 9, le point à la distance x recevra l'éclairement $\frac{9}{x^2}$.

De même un point à la distance $6 - x$ de B recevra l'éclairement

$$\frac{4}{(6-x)^2}$$

Comme les deux éclairements doivent être égaux, on a l'équation

$$\frac{9}{x^2} = \frac{4}{(6-x)^2} \quad \text{ou} \quad 5x^2 - 108x + 324 = 0$$

dont les racines sont $x' = 3$ m. 6 et $x'' = 18$ m.

Il y a ainsi deux points sur la droite donnée qui satisfont aux conditions du problème : l'un, O, sur la droite, à 3 m. 60 de A et à 2 m. 40 de B ; l'autre O', sur le prolongement de la droite du côté de B, à 18 m. de distance de A et 12 m. de B.

ÉQUATIONS SIMULTANÉES ET PROBLÈMES
DU DEUXIÈME DEGRÉ

Résoudre les systèmes suivants :

806. $x + y = 23$
$xy = 132$

807. $x - y = 25$
$xy = 150$

808. $x^2 + y^2 = 61$
$xy = 30$

809. $x^2 + y^2 = 290$
$x + y = 24$

810. $x^2 + y^2 = 1300$
$x - y = 10$

811. $x^2 - y^2 = 64$
$xy = 255$

812. $\sqrt{x} - \sqrt{y} = 7$
$x - y = 91$

813. $x + y = 11$
$\dfrac{10}{x} + \dfrac{10}{y} = 11$

814. $x^2 + y^2 = 74$
$7x = 5y$

815. $x^2 + y^2 = a^2$
$x^2 - y^2 = b^2$

816. $2x + 3y = 13$
$5xy = 30$

817. $5x - 2y = 25$
$2xy = 70$

818. $2x^2 + 3y^2 = 11$
$3xy = 6$

819. $5(x^2 + y^2) = 1400$
$\dfrac{x + y}{3} = 8$

820. $\dfrac{x^2 + y^2}{5} = 260$
$2(x - y) = 20$

821. $3x + y = 17$
$4x - 3y^2 = -20$

822. $\dfrac{1}{3y} - \dfrac{1}{3x} = 1$
$\dfrac{x + y}{7} = xy$

PROBLÈMES DU DEUXIÈME DEGRÉ

823. Trouver deux nombres consécutifs dont la différence des carrés soit 789.

824. Trouver deux nombres qui diffèrent de 10 et dont les carrés diffèrent de 260.

825. Quels sont les deux nombres dont la somme est 34 et le produit 120 ?

826. Trouver deux nombres qui aient 216 pour produit et 6 pour quotient.

827. La différence de deux nombres est 36 et leur produit 765. Quels sont ces deux nombres ?

828. On a acheté pour 289 fr. de drap ; le prix du mètre est égal au nombre de mètres achetés. Trouver la valeur du mètre.

829. Trouver deux nombres dont le rapport soit 3/4 et dont la différence des carrés soit 6300.

830. Les âges de deux enfants sont tels que le quotient du carré du premier par le second est 3, et que le carré du second, divisé par le premier, donne le quotient 24. Trouver ces deux âges.

831. Trouver deux nombres qui soient entre eux comme 4 est à 7 et dont la différence des carrés soit 58500.

832. Si du carré de l'âge d'une personne on retranche 12 fois cet âge, il restera 85. Quel est cet âge ?

833. Trouver deux nombres dont le produit est 320 et dont le produit du plus grand par leur différence soit 80.

834. Un propriétaire a acheté une montre qu'il a revendue quelque temps après pour 24 fr. A ce prix, il gagne autant pour cent qu'elle lui avait coûté. Trouver le prix d'achat.

835. Quel est le nombre qui ajouté à sa racine carrée fait 1332 ?

836. Un boucher a acheté des moutons et des bœufs. Combien en a-t-il acheté, sachant que le nombre des moutons surpasse de 50 celui des bœufs, et que la somme des deux nombres multipliée par leur différence fait 3500 ?

837. En gagnant 4 fr. de plus, j'aurais gagné le carré de mon argent, et en gagnant 4 fr. de moins, j'en aurais gagné le double. Combien avais-je et combien ai-je gagné ?

CHAPITRE V

THÉORIE ÉLÉMENTAIRE DU TRINOME DU SECOND DEGRÉ (¹)

I. — Propriétés du trinôme.

192. Définitions. — On appelle *trinôme* du second degré l'expression
$$ax^2+bx+c$$

Les *racines* de ce trinôme sont celles de l'équation obtenue en égalant ce polynôme à zéro. Ce sont donc les racines de l'équation
$$ax^2+bx+c=0$$

Dans le trinôme, a peut être positif ou négatif, et x peut prendre *toutes les valeurs possibles*, c'est pour cela que cette lettre est appelée *variable indépendante*.

Le trinôme est appelé *fonction de x*, parce que sa valeur dépend de celle de x.

193. Signe du trinôme. — Ce que nous avons dit au sujet de l'équation du second degré, au N° 151, s'applique également au trinôme, et se démontre de la même manière :

PREMIER CAS. — *Les racines sont réelles et distinctes.* — Quand le discriminant est positif, $(b^2-4ac \geqslant 0)$, le trinôme est une différence de deux carrés; il peut se mettre sous la forme d'un produit de deux facteurs du premier degré, et admet deux racines distinctes.

Le trinôme peut s'écrire :
$$ax^2+bx+c=a(x-x')(x-x'').$$

Si nous supposons $x'' < x'$, les valeurs remarquables de x, mises par ordre de grandeur croissante, sont : $-\infty$, x'', x'; $+\infty$.
Le tableau suivant nous donne immédiatement le signe du trinôme :

x	$-\infty$	x''		x'	$+\infty$
$x-x''$	négatif	0	positif		positif
$x-x'$	négatif		négatif	0	positif
P	positif		négatif		positif
Trinôme	signe de a		signe contraire de a		signe de a

(1) Ce chapitre peut être laissé dans une première étude; c'est pourquoi les exercices correspondants font partie de la deuxième série.

En effet, d'après le N° 122, le facteur $(x-x'')$ est *négatif* pour toutes les valeurs *inférieures* à x'', et *positif* pour toutes les valeurs *supérieures* ; de même, le facteur $(x-x')$ est *négatif* pour toutes les valeurs *inférieures* à x', et *positif* pour toutes les valeurs supérieures.

Le produit $P = (x-x')(x-x'')$ est *positif* quand les deux facteurs ont le *même signe*, c'est-à-dire pour toutes les valeurs *extérieures aux racines* ; il est *négatif*, quand les facteurs sont de signes contraires, ce qui a lieu pour toutes les valeurs *comprises entre les racines*. Dans le premier cas, le trinôme a le même signe que a, dans le second, il a un signe contraire.

DEUXIÈME CAS. — *Les racines sont égales.* — Quand le discriminant est nul $(b^2-4ac=0)$, le trinôme est le produit par a d'un carré. Ce carré est toujours positif ; par conséquent le trinôme a toujours le signe de a.

TROISIÈME CAS. — *Les racines sont imaginaires.* — Quand le discriminant est négatif $(b^2-4ac < 0)$, le trinôme est le produit de a par une somme de deux carrés. Cette somme est toujours positive ; par conséquent, le trinôme a toujours le signe de a.

194. — Règle fondamentale. — L'examen des trois cas ci-dessus, nous permet de déduire la règle suivante :

Le trinôme du second degré a toujours le signe du coefficient de son premier terme, sauf lorsque ses racines sont réelles et distinctes, et qu'on donne à x des valeurs comprises entre ces racines.

195. Applications. — 1° *Trouver les valeurs de x qui rendent positif ou négatif le trinôme* $-x^2+19x-88$.

Les racines de ce trinôme étant 11 et 8, ce trinôme aura le signe de $-x^2$ pour toutes les valeurs de x supérieures à 11 ou inférieures à 8, il aura le signe $+$ pour toutes les valeurs de x comprises entre 11 et 8.

Dès lors, tout nombre compris entre 11 et 8, 10 par exemple, mis à la place de x donne au trinôme le signe $+$. On a, en effet,

$$-x^2+19x-88 = -10^2+19.10-88 = +2$$

Et tout nombre supérieur à 11, 20 par exemple, donne au trinôme une valeur négative. Ainsi

$$-x^2+19x-88 = -20^2+19\times20-88 = -108$$

2° *Trouver les valeurs de x qui rendent le trinôme* $x^2-8x+16$ *positif ou négatif.*

Ce trinôme ayant ses racines égales, s'écrit :

$$x^2-8x+16 = (x-4)^2$$

Il est donc toujours positif quelle que soit la valeur réelle que l'on donne à x.

3° *Le trinôme* $-8x+28x-25$ *peut-il prendre une valeur positive?*

Puisque les racines de ce trinôme sont imaginaires, il ne peut prendre que le signe de son premier terme et, par suite, il est toujours négatif.

4° *Vérifier si les nombres 10 et 2 sont extérieurs aux racines du trinôme* $x^2-17x+60$, *ou sont compris entre elles.*

Le premier terme x^2 étant positif, le trinôme est positif pour toute valeur de x non comprise entre les racines. Dès lors, si pour $x=10$ le trinôme prend une valeur positive, c'est que 10 est extérieur aux racines.

Or, pour cette valeur de x, on a :
$$x^2 - 17x + 60 = -10$$
Par suite, 10 est compris entre les racines.

Pour $x = 2$, on a
$$x^2 - 17x + 60 = 30$$
Le nombre 2 est donc extérieur aux racines.

196. *Inéquations du second degré.*

Les inéquations du second degré sont de la forme
$$ax^2 + bx + c > 0$$
ou
$$ax^2 + bx + c < 0$$
On les résout en appliquant les règles de la variation du signe du trinôme.

197. Applications. — 1° *Trouver les valeurs de x qui vérifient l'inégalité*
$$x^2 - 11x + 30 > 0.$$
Dans cet exemple, $a = 1$ est positif, et les racines sont réelles et inégales ; ce sont :
$$x' = 6 \qquad x'' = 5$$
Toute valeur de x supérieure à 6 ou inférieure à 5 rendra le trinôme positif, et l'inégalité sera vérifiée.

2° *Vérifier l'inégalité* $-5x^2 + 51x - 10 > 0.$

Les racines du trinôme $-5x^2 + 51x - 10$ sont $x' = 10$ et $x'' = \dfrac{1}{5}$

Pour que ce trinôme ait un signe contraire à celui de -5, il faut donner à x les valeurs comprises entre 10 et $\dfrac{1}{5}$.

3° *Vérifier l'inégalité* $x^2 - 40x + 400 < 0.$

Comme le trinôme a ses racines égales, il aura toujours le signe de x^2, l'inégalité ne sera jamais vérifiée.

4° *Vérifier l'inégalité* $-5x^2 + 12x - 100 < 0.$

Le trinôme ayant ses racines imaginaires a toujours le signe de $-5x^2$, l'inégalité est donc vérifiée quel que soit x.

5° *Trouver les valeurs de x qui vérifient à la fois les deux inégalités*
$$x^2 - 13x + 36 > 0$$
$$-x^2 + 14x - 24 > 0.$$
Les racines du premier trinôme sont 4 et 9, et celles du second sont 2 et 12.

Les valeurs de x qui vérifient la première inégalité sont les nombres supérieurs à 9 ou inférieurs à 4.

Les valeurs de x qui vérifient la seconde inégalité sont les nombres compris entre 2 et 12.

Par suite, si l'on place les racines par ordre de grandeur croissante :
$$2 \qquad 4 \qquad 9 \qquad 12$$
on voit que les valeurs de x qui vérifient à la fois les deux inégalités sont les nombres compris entre 2 et 4, et ceux qui sont compris entre 9 et 12.

II. — Position de nombres donnés par rapport aux racines d'une équation du second degré.

198. Théorème. — *Etant donné un nombre* α, *si* a *et* $f(\alpha)$ (1) *sont de signes contraires, le trinôme admet deux racines réelles et distinctes comprenant le nombre* α.

Comme nous l'avons vu au N° 193, premier cas, ce n'est que lorsque le trinôme a deux racines réelles et distinctes, et pour des valeurs comprises entre ces racines, qu'il peut avoir un signe contraire à celui de son premier terme.

Application. — *Condition pour que le nombre* (—2) *soit compris entre les racines du trinôme ;*

$$f(x) = mx^2 - (m-1)x + 5 - 2m.$$

Il suffit que l'on ait : $m \times f(-2) < 0$.

Or :

$$f(-2) = 4m + 2(m-1) + 5 - 2m = 4m + 3$$

On devra donc avoir :

$$m(4m+3) < 0.$$

Le premier membre de l'inéquation a pour racines :

$$m = 0, \qquad m = -\frac{3}{4};$$

elle est vérifiée pour les valeurs de m comprises entre les racines.

La condition demandée est par suite :

$$-\frac{3}{4} < m < 0.$$

199. Théorème. — *Etant donnés deux nombres* α *et* β, *si* $f(\alpha)$ *et* $f(\beta)$ *sont de signes contraires, le trinôme admet deux racines réelles et distinctes, dont une seule est comprise entre* α *et* β.

Comme nous l'avons vu au N° 193, ce n'est que lorsque le trinôme a deux racines réelles et distinctes, qu'il peut prendre des valeurs de signes contraires.

De plus, les nombres $f(\alpha)$ et $f(\beta)$ étant de signes contraires, l'un $f(\alpha)$ par exemple, a le signe de a et α est extérieur aux racines ; l'autre $f(\beta)$ par exemple est de signe contraire, et β est compris entre les racines.

Application. — *Condition pour que l'équation*

$$mx^2 - (m-2)x + 5 - 3m = 0,$$

ait une seule racine comprise entre —2 *et* 3.

Il suffit que l'on ait : $f(-2) \times f(3) < 0$.

Or :

$$f(-2) = 4m + (m-2)2 + 5 - 3m$$
$$= 5m + 1$$
$$f(3) = 9m - (m-2)3 + 5 - 3m$$
$$= 3m + 11$$

---

(1) $f(\alpha)$ désigne la valeur que prend le trinôme quand on remplace x par α.

On devra donc avoir :

$$(5m+1)(3m+11) < 0.$$

Le premier membre de l'inéquation a pour racines :

$$m = -\frac{1}{5} \quad \text{et} \quad m = -\frac{11}{3},$$

elle est vérifiée pour les valeurs de m comprises entre les racines.

La condition demandée est par suite :

$$-\frac{11}{3} < m < -\frac{1}{5}.$$

200. Problème. — *Déterminer la position du nombre α par rapport aux racines de l'équation* :

$$ax^2 + bx + c = 0.$$

Trois cas peuvent se présenter :

PREMIER CAS. — $f(\alpha) = 0$.

Dans ce cas, α est une des racines de l'équation, d'après la définition même de la racine d'une équation.

DEUXIÈME CAS. — $a \times f(\alpha) < 0$.

Dans ce cas, a et $f(x)$ sont de *signes contraires* ; alors le nombre α est compris entre les racines (Voir N° 198), réelles et distinctes.

TROISIÈME CAS. — $a \times f(\alpha) > 0$.

Dans ce cas, on ne peut connaître l'existence des racines, qu'au moyen du discriminant, car a et $f(\alpha)$ sont de *même signe*.

Si $b^2 - 4ac < 0$, l'équation a ses racines imaginaires.

Si $b^2 - 4ac = 0$, l'équation a une racine double égale à $-\dfrac{b}{2a}$. On la compare aisément avec le nombre α.

Si $b^2 - 4ac > 0$, l'équation a deux racines réelles et distinctes, et α est extérieur aux racines ; il est, ou plus grand que x' ou plus petit que x''

α *est plus grand que* x' si l'on a :

$$\alpha > -\frac{b}{2a}.$$

En effet, on peut écrire

$$x > x'$$

et à plus forte raison :

$$\alpha > x'' ;$$

ou, en additionnant :

$$2\alpha > x' + x'',$$

et :

$$\alpha > \frac{x' + x''}{2} \quad \text{ou} \quad -\frac{b}{2a}$$

Au contraire, α *est plus petit que* x'' si l'on a

$$\alpha < -\frac{b}{2a}$$

En effet, on a :

$$\alpha < x''$$

et à plus forte raison :

$$\alpha < x' ;$$

en additionnant, on a :

$$2\alpha < x' + x''$$

ou :

$$\alpha < \frac{x' + x''}{2} \quad \text{ou} \quad -\frac{b}{2a}$$

201. Exercices d'application.

I. — *Quelle est la position de (—1) par rapport aux racines de l'équation :*

$$2x^2 - 2x - 15 = 0 ?$$

Calculons $f(-1)$:

$$f(-1) = 2 + 2 - 15 = -11.$$

Le coefficient de x^2 est positif ; $f(-1)$ est de signe contraire ; on en conclut que (—1) est compris entre les deux racines, réelles et inégales.

II. — *Quelle est la position de 3 par rapport aux racines de l'équation :*

$$3x^2 + 2x - 5 = 0 ?$$

Calculons $f(3)$:

$$f(3) = 27 + 6 - 5 = 28.$$

Le coefficient de x^2 est positif ; $f(3)$ est aussi positif ; on en conclut que *3* est extérieur aux racines, si elles existent.

Le discriminant $b^2 - 4ac = 4 + 60 = 64 > 0.$

D'ailleurs, $a = 3$ et $c = -5$, étant de signes contraires, on en conclut de deux manières, que les racines sont réelles et inégales.

La demi-somme des racines

$$-\frac{b}{2a} = -\frac{1}{3};$$

or, on a :

$$3 > -\frac{1}{3},$$

par conséquent, 3 est plus grand que la plus grande racine.

QUATRIÈME PARTIE

PROGRESSIONS ET LOGARITHMES

CHAPITRE PREMIER

DES PROGRESSIONS ARITHMÉTIQUES

I. — Définitions.

202. Progression. — On appelle *progression* une suite de termes tels que le rapport de chacun d'eux au précédent est constant. On distingue les progressions *arithmétiques* et les progressions *géométriques*.

203. Progression arithmétique. — On appelle progression *arithmétique* une suite de termes tels que la différence entre l'un d'eux et celui qui le précède immédiatement, est constante. Cette différence s'appelle *raison* de la progression.

Les deux suites de nombres
$$7, 10, 13, 16, 19, 22, 25. \qquad (1)$$
$$104, 94, 84, 74, 64, 54, 44. \qquad (2)$$
sont deux progressions arithmétiques.

Dans la première, la raison est $10-7=3$, et dans la seconde, elle est $94-104=-10$.

204. Progression croissante, décroissante. — Une progression est *croissante* ou *décroissante* selon que la raison est *positive* ou *négative*. La progression (1) est croissante, et (2) est décroissante.

205. Notations. — Si les nombres a, b, c, d..... h, k, l, forment une progression arithmétique, on l'exprimera en écrivant

$$\div a.b.c.d.....h.k.l.$$

Cette expression se lit : a est à b est à c est à d.....est à h est à k est à l. Les lettres a, l, r, n, S représentent respectivement le premier terme, le dernier terme, la raison, le nombre des termes et la somme des termes de la progression.

II. — Propriétés des progressions arithmétiques.

206. Théorème. — *Le dernier terme d'une progression arithmétique est égal au premier augmenté d'autant de fois la raison qu'il y a de termes moins un dans la progression.*

Soit la progression de n termes

$$\div a.b.c.....h.k.l.$$

Par définition, on a :

$$b = a + r$$
$$c = b + r$$
$$\cdots\cdots\cdots$$
$$k = h + r$$
$$l = k + r$$

En additionnant membre à membre ces $n-1$ égalités, on trouve

$$b + c + ...+ k + l = a + b + c + ...+ h + k + r(n-1)$$

Après avoir supprimé dans les deux membres la quantité $b + c + ...+ k$, il vient

$$l = a + (n-1)r \qquad\qquad (a)$$

207. Corollaires. — 1° Si la raison était négative, on aurait obtenu

$$l = a - (n-1)r$$

2° De la formule (a) résolue par rapport à toutes ses lettres, on tire :

$$l = a + (n-1)r \qquad\qquad (a)$$
$$a = l - (n-1)r \qquad\qquad (b)$$
$$r = \frac{l-a}{n-1} \qquad\qquad (c)$$
$$n = 1 + \frac{l-a}{r} \qquad\qquad (d)$$

Ces formules permettent de calculer l'un des quatre éléments a, l, r, n, d'une progression lorsqu'on connaît les trois autres.

208. Théorème. — *Dans toute progression arithmétique, la somme de deux termes pris à égale distance des extrêmes est égale à la somme des extrêmes.*

Soit f le terme qui a m termes avant lui, et i celui qui en a m après lui ; on a évidemment (a) :

$$f = a + mr \qquad \text{et} \qquad l = i + mr$$

En retranchant la première égalité de la seconde, il vient :
$$l-j=i-a \qquad \text{d'où} \qquad l+a=i+j$$

209. Insertion de moyens arithmétiques. — Insérer m moyens arithmétiques entre a et b, c'est former une progression de $m+2$ termes dont les termes extrêmes soient a et b.

La raison est donnée par la formule (c)
$$r=\frac{l-a}{n-1}$$

dans laquelle il faut remplacer l par b et n par $m+2$. Cette raison est, par suite,
$$r=\frac{b-a}{m+1}. \qquad\qquad (e)$$

Application. — *Insérer neuf moyens arithmétiques entre 8 et 38.*

La progression cherchée aura 11 termes dont le premier est 8 et le dernier 38. La raison est (c)
$$r=\frac{38-8}{9+1}=\frac{30}{10}=3$$

La progression sera donc
$$\div 8.11.14.17.20.23.26.29.32.35.38$$

III. — Sommation des progressions arithmétiques.

210. Théorème. — *La somme des termes d'une progression arithmétique est égale au produit de la demi-somme des extrêmes par le nombre des termes.*

Soit la progression de n termes
$$\div a.b.c.d.....i.j.k.l.$$

On a
$$S=a+b+c+d+.....+i+j+k+l$$
ou
$$S=l+k+j+i+.....+d+c+b+a$$

Si l'on fait la somme membre à membre de ces deux égalités, on trouve
$$2S=(a+l)+(b+k)+(c+j)+.....+(k+b)+(l+a)$$

Chacune de ces n parenthèses est égale à la somme des extrêmes (208).
$$2S=(a+l)+(a+l)+.....+(a+l)$$
ou
$$S=\frac{(a+l)n}{2}=\left(\frac{a+l}{2}\right)n \qquad\qquad (f)$$

211. Corollaire I. — Si dans la formule
$$S=\left(\frac{a+l}{2}\right)n$$

on remplace l par sa valeur (a), on obtient
$$S=\frac{[a+a+r(n-1)]n}{2}=[a+\frac{r}{2}(n-1)]n \qquad\qquad (g)$$

212. Corollaire II. — Les formules (a), (b), (c), (d), $f)$, (g), établies pour des progressions croissantes, s'appliquent aussi aux progresssions décroissantes, pourvu qu'on y remplace r par $-r$.

IV. — Problèmes sur les progressions arithmétiques.

213. Problème I. — *Trouver la somme des* n *premiers nombres entiers.*

Ces nombres forment la progression de n termes
$$\div 1.2.3.4.5\ldots n$$
dont la somme est
$$S = \left(\frac{1+n}{2}\right)n$$

EXEMPLE. — La somme des 100 premiers nombres entiers sera
$$S = \left(\frac{1+100}{2}\right)100 = 5050$$

214. Problème II. — *Quelle est la somme des* n *premiers nombres impairs.*

Ces nombres impairs forment la progression de n termes
$$\div 1.3.5.7.9.11\ldots l$$
dont la somme (g) est
$$S = [a + \frac{r}{2}(n-1)]n = [1 + \frac{2}{2}(n-1)]n = n^2$$

EXEMPLE. — La somme des 100 premiers nombres impairs sera
$$S = n^2 = 100^2 = 10000$$

215. Problème III. — *Un colonel dispose de 3321 soldats. Il les place en triangle, de manière que la première ligne ait 1 soldat, la seconde ligne 2 soldats, la troisième 3, la quatrième 4, et ainsi de suite. Combien y aura-t-il de lignes?*

Soit l le nombre des soldats de la dernière ligne, l est aussi le nombre des lignes. La somme des termes de la progression
$$\div 1.2.3.4.5.6.7\ldots l$$
est
$$S = \left(\frac{1+l}{2}\right)l$$

On tire de là l'équation
$$\frac{(1+l)l}{2} = 3321 \qquad \text{ou} \qquad l^2 + l - 6642 = 0$$
dont la racine acceptable est $l = 81$. Le triangle aura donc 81 lignes.

PROBLÈMES SUR LES PROGRESSIONS ARITHMÉTIQUES

838. Former une progression croissante de 8 termes dont la raison soit 10 et le premier terme 93.

839. Former une progression décroissante de 8 termes dont le premier soit 1000 et la raison 75.

840. Le premier terme d'une progression est —50 et la raison 10. Trouver le vingt et unième terme.

841. Le premier terme d'une progression est 4, le dernier 94 et la raison 6. Trouver le nombre de ses termes.

842. Le trente-quatrième terme d'une progression est 9 et la raison —17. Quel est le premier terme?

843. Etant donnée la progression
$$\div\ 67.61\ldots\ldots 1$$
calculer le nombre et la somme des termes.

844. Dans la progression
$$\div\ 197.170\ldots\ldots$$
calculer le dixième terme et la somme des dix premiers termes.

Trouver la somme des termes de chacune des progressions suivantes :

845. $\div$ 7.15.23.....111   **848.** $\div$ 2.4.6.8......1000
846. $\div$ 125.120.115.....5   **849.** $\div$ 1.3.5.7.....999
847. $\div$ 1.2.3.4.5.....1000

850. Le dix-septième terme d'une progression est 2 et la raison —13. Trouver le premier.

851. Dans une progression, le premier terme est 37, le dernier 11 et la somme des termes, 336. Calculer le nombre des termes et la raison.

Les progressions suivantes ont 12 termes, calculer leur raison :
852. $\div$ 23.....28,5   **853.** $\div$ 100.....78

Calculer la somme des 10 premiers termes de chacune des progressions suivantes :
854. $\div$ 25.33.....   **856.** $\div$ 1.$\frac{3}{2}$.2.....
855. $\div$ 99.90.....

Insérer 6 moyens arithmétiques entre les deux nombres suivants :
857. 3,   10   **859.** 1,   4,5
858. 20,   195   **860.** —10,   —38

861. Calculer la somme de tous les nombres pairs compris entre 1045 et 7351.

862. Combien y a-t-il de multiples de 7 entre 1000 et 10000? Trouver leur somme.

863. Combien y a-t-il de multiples de 11 plus petits que 1000?

864. Une horloge sonne les heures avec répétition; elle annonce les quarts par un coup, les demies par deux coups et les trois quarts par trois coups. Combien cette horloge sonne-t-elle de coups en un jour?

865. Si cette horloge ne sonnait que les heures, sans répétition, et un coup à chaque demie, combien sonnerait-elle de coups en un jour?

866. Un colonel dispose une partie de son régiment en un triangle plein en plaçant un homme à la première ligne, deux à la seconde, trois à la troisième et ainsi de suite. Il forme ainsi un triangle de 231 hommes. Combien y a-t-il d'hommes en profondeur?

867. Les angles d'un triangle rectangle sont en progression arithmétique. Quels sont ces angles?

868. Combien faut-il prendre de termes dans la progression
$$\div 13.21.29.37\ldots\ldots$$
pour que leur somme soit 490?

869. Trouver 6 nombres en progression arithmétique, sachant que le premier de ces nombres est 4,5 et que la somme des termes est 19,50.

870. Trouver 4 nombres en progression arithmétique tels que les deux moyens aient 86100 pour produit et les extrêmes 6100.

CHAPITRE II

DES PROGRESSIONS GÉOMÉTRIQUES

I. — Définitions.

216. Progression géométrique. — On appelle progression géométrique une suite de termes tels que chacun d'eux est égal au produit du terme qui le précède immédiatement par une quantité constante appelée *raison* de la progression.

On représente une progression géométrique de la manière suivante :
$$\div a : b : c : d : \ldots\ldots : h : k : l$$
et l'on désigne la raison par q.

217. Progression croissante, décroissante. — Une progression géométrique est *croissante* lorsque sa raison est supérieure à 1, elle est *décroissante* si cette raison est moindre que 1.

La progression
$$\div 6 : 18 : 54 : 162 : 486 : 1458$$
est croissante, car sa raison est 18 :6$=$3 ; tandis que la progression
$$\div 128 : 32 : 8 : 2 : \frac{1}{4} : \frac{1}{8} : \frac{1}{32}$$
est décroissante, car sa raison est $\dfrac{32}{128} = \dfrac{1}{4}$.

II. — Propriétés des progressions géométriques.

218. Théorème. — *Dans toute progression géométrique un terme quelconque est égal au premier multiplié par la raison élevée à une puissance indiquée par le nombre des termes qui le précèdent.*

Soit la progression de n *termes*
$$\div a : b : c : d : \ldots\ldots : h : i : l$$

On a par définition (216) :

$$b = aq$$
$$c = bq$$
$$d = cq$$
$$\cdots\cdots$$
$$i = hq$$
$$l = iq$$

En faisant le produit membre à membre de ces $n-1$ égalités, il vient

$$bcd\ldots il = abcd\ldots hiq^{n-1}$$

et, en divisant les deux membres par $bcd\ldots i$,

$$l = aq^{n-1} \qquad\qquad (l)$$

219. Corollaire. — La formule (l) résolue par rapport à l'une des quatre lettres l, a, q, n, donne les quatre formules suivantes :

$$(l) \qquad l = aq^{n-1} \qquad\qquad q = \sqrt[n-1]{\frac{l}{a}} \qquad (i)$$

$$(h) \qquad a = \frac{l}{q^{n-1}} \qquad\qquad q^{n-1} = \frac{l}{a} \qquad (j)$$

220. Applications. — 1° *Trouver le 7ᵉ terme de la progression*
$$\div 3 : 9 : 27\ldots$$

On a (l) :

$$l = aq^{n-1} = 3.3^6 = 3^7 = 2187$$

2° *Trouver le premier terme d'une progression dont la raison est 2, le dernier terme 1280 et le nombre des termes 8.*

La formule (h) donne

$$a = \frac{l}{q^{n-1}} = \frac{1280}{2^7} = \frac{1280}{128} = 10$$

3° *Trouver la raison de la progression de 9 termes dont le premier et le dernier sont 2 et 781250.*

La formule (i) donne

$$q = \sqrt[n-1]{\frac{l}{a}} = \sqrt[8]{\frac{781250}{2}} = \sqrt[8]{390625} = \sqrt[4]{625} = \sqrt{25} = 5$$

4° *Trouver le nombre des termes d'une progression dont le premier terme, le dernier terme et la raison sont respectivement*
$$4 \qquad 2916 \qquad 3$$

La formule (j) qu'on ne peut résoudre entièrement sans l'emploi des logarithmes, donne

$$3^{n-1} = \frac{2916}{4} = 729$$

La puissance de 3 qui est égale à 729 est 3^6 ; de sorte qu'on a
$$3^{n-1} = 3^6, \qquad \text{d'où} \qquad n-1 = 6 \qquad \text{et} \qquad n = 7$$

221. Théorème. — *Dans toute progression géométrique, le produit de deux termes pris à égale distance des extrêmes est égal au produit des extrêmes.*

Soit la progression
$$\div a : b : c : \ldots : d : \ldots : i : \ldots : h : l$$
considérons le terme d qui a m termes avant lui, et le terme i qui en a m après lui. On a :
$$d = aq^m \qquad \text{et} \qquad iq^m = l$$
En faisant le produit de ces deux égalités, on trouve
$$diq^m = alq^m \qquad \text{ou} \qquad di = al$$

222. Insertion de moyens géométriques. — Insérer m moyens géométriques entre a et b, c'est former une progression géométrique de $m+2$ termes dont le premier et le dernier soient a et b.

La raison de cette progression sera donnée par la formule (i)
$$q = \sqrt[m+1]{\frac{b}{a}} \qquad\qquad (k)$$

Application. — Insérer 3 moyens géométriques entre 11 et 14256. La raison de la progression sera (k)
$$q = \sqrt[4]{\frac{14256}{11}} = 6$$
On aura dès lors pour progression cherchée :
$$\div 11 : 11 \times 6 : 11 \times 6^2 : 11 \times 6^3 : 14256$$
ou
$$\div 11 : 66 : 396 : 2376 : 14256$$

III. — Produit et somme des termes d'une progression géométrique.

223. Théorème. — *Le produit des termes d'une progression géométrique est égal à la racine carrée du produit des extrêmes élevés à une puissance indiquée par le nombre des termes.*

Soit la progression de n termes
$$\div a : b : c : d : \ldots : g : h : i : l :$$
on a
$$P = a \times b \times c \times d \times \ldots \times g \times h \times i \times l$$
ou
$$P = l \times i \times h \times g \times \ldots \times d \times c \times b \times a$$
En faisant le produit de ces deux égalités, il vient
$$P^2 = al \times bi \times ch \times dg \times \ldots \times dg \times ch \times ib \times al$$
Mais chacun des n facteurs, al, bi, ch..., est égal au produit des extrêmes (221), par suite, on a
$$P^2 = al \times al \times \ldots \times al \times al = (al)^n = a^n l^n$$
d'où
$$P = \sqrt{a^n l^n}$$

Application. — *Trouver le produit* $7 \times 21 \times \ldots \times 567$.
Trouvons d'abord le nombre des termes de cette progression. La formule (j)
$$q^{n-1} = \frac{l}{a}$$
donne
$$3^{n-1} = \frac{567}{7} = 81 = 3$$
d'où
$$n = 5$$

On a donc

$$P = \sqrt{7^5 \times 567^5} = 992436543$$

Théorème. — *Les puissances successives d'un nombre $q = (1 + \alpha)$ plus grand que 1, vont en croissant constamment, car l'on a toujours :*

$$(1 + \alpha)^n > 1 + n\alpha$$

En effet, on peut écrire :

$$(1 + \alpha)^2 = 1 + 2\alpha + \alpha^2$$

d'où

$$(1 + \alpha)^2 > 1 + 2\alpha$$

Multiplions les deux membres de cette dernière égalité par la quantité positive $(1 + \alpha)$, nous aurons :

$$(1 + \alpha)^3 > (1 + 2\alpha)(1 + \alpha)$$

ou

$$(1 + \alpha)^3 > 1 + 3\alpha + 2\alpha^2$$

et à plus forte raison,

$$(1 + \alpha)^3 > 1 + 3\alpha$$

En continuant ainsi, on arrive à l'inégalité générale :

$$(1 + \alpha)^n > 1 + n\alpha$$

Or, supposons un nombre $q > 1$. Je dis que *ses puissances vont en augmentant*. En effet, multiplions les deux membres de

$$q > 1$$

par q^n ; on a, quel que soit n :

$$q^{n+1} > q^n$$

De plus, *elles augmentent indéfiniment*, et surpassent un nombre donné A, aussi grand qu'on voudra, de telle sorte qu'on aura :

$$q^n > A \qquad\qquad (1)$$

En effet, nous savons que $q = (1 + \alpha)$ et que

$$q^n = (1 + \alpha)^n > 1 + n\alpha$$

Si l'on prouve que

$$1 + n\alpha > A \qquad\qquad (2)$$

l'inégalité (1) sera prouvée à plus forte raison

De (2) on tire :

$$n > \frac{A - 1}{\alpha}$$

Or, on peut toujours trouver un nombre n entier supérieur à $\frac{A-1}{\alpha}$.

— Donc l'inégalité (1) est démontrée.

Corollaire. — *Dans une progression géométrique croissante et illimitée, les termes vont en croissant au-delà de toute limite.*

En effet, si le premier terme est a et la raison $q > 1$, la progression est $\div a : aq : aq^2 : aq^3 : aq^4 \ldots aq^n$; or, les puissances successives de q croissent au-delà de toute limite ; il en est de même du produit par a de ces diverses puissances.

Théorème. — *Les puissances successives d'un nombre inférieur à 1 diminuent constamment et tendent vers 0 quand l'exposant croît indéfiniment.*

Désignons par q' un nombre inférieur à 1. On peut écrire :

$$q' = \frac{1}{q}$$

q désignant un nombre plus grand que 1. On a donc :

$$q'^n = \frac{1}{q^n}$$

Or, si n augmente indéfiniment, q^n croît aussi indéfiniment, d'après le théorème précédent, et q'^n diminue indéfiniment et tend vers 0, en même temps que la fraction $\frac{1}{q^n}$.

224. Théorème. — *La somme des termes d'une progression géométrique est égale au produit du dernier terme par la raison, diminué du premier terme, le tout divisé par l'excès de la raison sur l'unité.*

Soit la progression

$$\div a : b : c : d : \ldots\ldots : h : l$$

On a

$$S = a + b + c + d + \ldots + h + l \qquad (1)$$

En multipliant les deux membres de cette égalité par q, elle devient

$$Sq = aq + bq + cq + dq + \ldots\ldots + hq + lq$$

Mais par définition, on a

$$aq = b, \qquad bq = c, \qquad cq = d, \qquad \ldots\ldots hq = l,$$

l'égalité précédente devient donc

$$Sq = b + c + d + \ldots\ldots + l + lq \qquad (2)$$

Si l'on retranche (1) de (2), il vient

$$Sq - S = lq - a$$

d'où

$$S(q - 1) = lq - a$$

On a enfin

$$S = \frac{lq - a}{q - 1} \qquad (m)$$

225. Corollaire I. — Si dans la formule précédente (m), on remplace l par aq^{n-1}, elle devient :

$$S = \frac{aq^n - a}{q - 1} = a\left(\frac{q^n - 1}{q - 1}\right)$$

226. Corollaire II. — Lorsque la progression est décroissante, on a $q < 1$ et $q^n < 1$, par suite les deux termes de la fraction $\frac{q^n - 1}{q - 1}$ sont négatifs ; si l'on change leurs signes, on obtient

$$S = a\left(\frac{1 - q^n}{1 - q}\right)$$

On a de même

$$S = \frac{a - lq}{1 - q}$$

227. Théorème. — *La somme des termes d'une progression géométrique décroissante dont le nombre des termes est infini, est égale au premier terme divisé par l'excès de l'unité sur la raison.*

La somme des termes d'une progression géométrique quelconque (224) est

$$S = \frac{lq - a}{q - 1}$$

Si elle est décroissante, cette somme devient

$$S = \frac{a - lq}{1 - q} = \frac{a}{1 - q} - \frac{lq}{1 - q}$$

Puisque la progression va en décroissant indéfiniment, son dernier terme l est zéro ; dès lors, à la limite, on a :

$$S = \frac{a}{1 - q} - \frac{0 \times q}{1 - q} = \frac{a}{1 - q} \qquad (n)$$

Application. — *Trouver la somme des termes de la progression décroissante à l'infini.*

$$\div \frac{1}{2} : \frac{1}{4} : \frac{1}{8} : \frac{1}{16} : \frac{1}{32} : \frac{1}{64} : \dots$$

On a (227) :

$$S = \frac{a}{1 - q} = \frac{1/2}{1 - 1/2} = \frac{1/2}{1/2} = 1$$

IV. — Résolution de quelques problèmes.

228. Problème I. — *Trouver le 9e terme de la progression*
$$\div 81 : 27 : 9 : \dots$$
On a

$$l = aq^{n-1} = 81 \times \left(\frac{1}{3}\right)^8 = 3^4 \times \frac{1}{3^8} = \frac{1}{3^4} = \frac{1}{81}$$

229. Problème II. — *Trouver la somme des termes de la progression précédente.*

On aura

$$S = \frac{lq - a}{q - 1} = \frac{a - lq}{1 - q} = \frac{81 - \frac{1}{81} \times \frac{1}{3}}{1 - \frac{1}{3}} = \left(81 - \frac{1}{243}\right)\frac{3}{2} = 121\frac{40}{81}$$

230. Problème III. — *Trouver la limite de la fraction périodique*
$$0,547547547\dots$$
En désignant par S la génératrice de cette fraction, on a

$$S = \frac{547}{1000} + \frac{547}{1000^2} + \frac{547}{1000^3} + \dots$$

On voit que le second membre est une progression géométrique décroissante ayant un nombre infini de termes (227) ; on a, par suite,

$$S = \frac{a}{1 - q} = \frac{547/1000}{1 - 1/1000} = \frac{547}{1000 - 1} = \frac{547}{999}$$

PROBLÈMES SUR LES PROGRESSIONS GÉOMÉTRIQUES

871. Le 11e terme d'une progression géométrique est 32 et la raison 1/2. Trouver le premier terme.

872. Le 13e terme d'une progression est 20480 et la raison 2. Quelle est la progression?

873. Quel est le 9ᵉ terme d'une progression dont le premier est 9 et la raison 1/3 ?

874. Trouver le 10ᵉ terme lorsque le premier est 3 et la raison 2.

Former une progression de 8 termes, sachant que :

875. Le premier est 2048 et la raison $\dfrac{1}{2}$

876. — 4 — 3

877. Quel est le 7ᵉ terme d'une progression dont le premier est $\dfrac{1}{46656}$ et la raison 6 ?

Trouver le nombre des termes des 4 progressions suivantes :

878. ÷5 : ..... : 12005 ; raison 7.

879. ÷2048 : ..... : 16 ; raison 1/2.

880. ÷0,3 : ..... : 0,0000003 ; raison 0,1

881. ÷$\dfrac{3}{4}$: ..... : $\dfrac{1}{324}$; raison 1/3.

882. Trouver le nombre des termes d'une progression dont le dernier terme est $\dfrac{1}{243}$, la raison $\dfrac{1}{3}$ et le premier terme 3.

883. Quelle est la somme des termes d'une progression dont les extrêmes sont 28672 et 7 avec $\dfrac{1}{4}$ pour raison ?

Trouver la somme des termes de chacune des progressions suivantes :

884. ÷3 : 12 : ..... : 49152.

885. ÷$\dfrac{1}{10}$: $\dfrac{1}{10^2}$: ..... : $\dfrac{1}{10^8}$

Trouver le produit des 6 premiers termes de chacune des progressions suivantes :

886. ÷2 : 2^2 : 2^3 : .....

887. ÷$\dfrac{1}{x^3}$: $\dfrac{1}{x^2}$: $\dfrac{1}{x}$: .....

888. ÷81 : 9 : 1 : .....

889. ÷a^3 : a^5 : a^7.....

890. ÷2,5 : —5 : 10 : .....

891. ÷1 : a : a^2.....

892. Trouver la raison d'une progression de 7 termes dont les extrêmes sont 3 et 192.

893. Insérer 7 moyens proportionnels entre 32 et 8192.

894. Insérer 5 moyens géométriques entre 3 et 12288 ; donner la progression formée et sa raison.

895. Quelle progression obtient-on en insérant 4 moyens géométriques entre 32 et 7776 ?

896. Insérer 8 moyens géométriques entre 1 et 10 ; donner les 4 premiers termes de la progression résultante, avec sa raison.

Trouver la somme de tous les termes de chacune des progressions illimitées suivantes

897. ÷5 : $\dfrac{15}{4}$: $\dfrac{45}{16}$: $\dfrac{135}{64}$: .....

898. $\div \dfrac{1}{2} : \dfrac{1}{4} : \dfrac{1}{8} : \dfrac{1}{16} : \ldots$

899. $\div 8 : 4 : 2 : 1 : \dfrac{1}{2} : \ldots$

900. $\div \dfrac{1}{9} : \dfrac{1}{9^2} : \dfrac{1}{9^3} : \ldots$

Trouver la somme des termes de chacune des séries illimitées suivantes :

901. $1 - \dfrac{1}{9} + \dfrac{1}{81} - \dfrac{1}{729} + \ldots$

902. $\dfrac{3}{5} - \dfrac{9}{25} + \dfrac{27}{125} - \dfrac{81}{625} + \ldots$

903. $x + \dfrac{x}{3} + \dfrac{x}{9} + \dfrac{x}{27} + \dfrac{x}{81} + \ldots$

904. $\dfrac{3}{10} + \dfrac{3}{100} + \dfrac{3}{1000} + \dfrac{3}{10000} + \ldots$

905. Partager 665 en 3 parties positives qui soient en progression géométrique et de manière que la troisième surpasse la première de 600.

906. Trouver les 4 angles d'un quadrilatère, sachant qu'ils sont en progression géométrique et que le troisième vaut 9 fois le premier.

907. Trouver une progression géométrique de 5 termes dont la raison soit la moitié du deuxième terme, et telle que les deux premiers aient 10 pour somme.

CHAPITRE III

PROPRIÉTÉS DES LOGARITHMES

I. — Définitions.

231. Définition des logarithmes — Soit une progression géométrique dont un terme est 1, et la raison $q > 1$ pour le terme à droite de 1, et $\dfrac{1}{q}$ pour les termes à gauche ; soit de même une progression arithmétique dont un terme est 0, et la raison $r > 0$ à droite, et $-r$ à gauche ; plaçons les termes de la seconde progression sous ceux de la première, de façon que 0 et 1 se correspondent ; on dit, par définition, que les termes de la progression arithmétique sont les logarithmes de ceux de la progression arithmétique.

$$0 \ldots\ldots \frac{1}{q^n} \ldots \frac{1}{q^2} \cdot \frac{1}{q} \cdot 1 \cdot q \cdot q^2 \ldots\ldots q^n \ldots\ldots +\infty$$

$$-\infty \ldots\ldots -nr \ldots\ldots (-2r)\,(-r)\; 0 \quad r \quad r^2 \ldots\ldots nr \ldots\ldots +\infty$$

232. *On appelle logarithmes, les nombres d'une progression arithmétique commençant par 0, qui correspondent terme à terme avec les nombres d'une progression géométrique commençant par 1.*

233. Si l'on insère le même nombre de moyens entre les termes consécutifs de la progression géométrique, on obtient une nouvelle progression géométrique dont la raison q' sera d'autant plus petite, que le nombre des moyens insérés sera plus grand.

Si l'on fait de même pour la progression arithmétique, et que le nombre de moyens insérés dans les deux cas soit le même, on obtient une nouvelle progression arithmétique dont la raison sera r', et dont les nombres correspondront à ceux de la progression géométrique.

Ainsi, tout *nombre positif* pourra être représenté dans la première progression, et aura son *logarithme* correspondant dans la seconde.

234. Conclusion. — De ce qui précède on tire les conclusions suivantes :

1° Le logarithme de 1 est 0.

2° Tous les *nombres positifs*, ont un logarithme ; les *nombres négatifs* n'en ont pas.

3° Tous les nombres *supérieurs à 1*, ont un logarithme *positif*.

4° Tous les nombres *positifs inférieurs à 1*, ont un logarithme négatif.

235. — Système de logarithme. — On appelle *système de logarithme*, l'ensemble de deux progressions, l'une géométrique commençant par 1, et l'autre arithmétique commençant par 0, quelle que soit la raison adoptée.

236. Base d'un système. — On appelle *base* d'un système de logarithme, le nombre qui a pour logarithme l'unité. C'est la *raison* de la progression géométrique.

II. — Propriétés des logarithmes.

237. Théorème. — *Le logarithme d'un produit est égal à la somme des logarithmes de ses facteurs.*

Soit le système

$$\div\; 1 : a : a^2 : a^3 : a^4 : a^5 : a^6 : a^7 : a^8 : \ldots\ldots$$
$$\div\; 0. \; 1. \; 2. \; 3. \; 4. \; 5. \; 6. \; 7. \; 8 \ldots\ldots$$

dans lequel un nombre de la progression géométrique a son exposant pour logarithme.

Soient encore les trois nombres

$$A = a^3 \qquad B = a^5 \qquad C = a^7$$

Le produit de ces trois égalités membre à membre est
$$ABC = a^{3+5+7}$$

Dans cette égalité, ABC ou son égal a^{3+5+7} a pour logarithme $3+5+7$; par suite, on a
$$log\ (ABC) = 3+5+7 = log\ A + log\ B + log\ C$$

EXEMPLE : $Log\ (2 \times 3 \times 4 \times 5) = log\ 2 + log\ 3 + log\ 4 + log\ 5.$

238. Théorème. — *Le logarithme d'un quotient est égal à la différence entre le logarithme du dividende et celui du diviseur.*

Soit Q le quotient de A par B, on a l'identité
$$A = BQ \quad \text{ou} \quad log\ A = log\ BQ$$

Mais, d'après le théorème précédent, on a encore
$$log\ BQ = log\ B + log\ Q$$

et, par suite,
$$log\ A = log\ B + log\ Q$$

On tire de là :
$$log\ Q = log\ A - log\ B$$

Q étant égal à $\dfrac{A}{B}$, on a enfin
$$log\ \frac{A}{B} = log\ A - log\ B$$

EXEMPLE : $log\ \dfrac{69}{11} = log\ 69 - log\ 11$

239. Théorème. — *Le logarithme d'une puissance d'un nombre est égal au logarithme de ce nombre multiplié par le degré de la puissance.*

Soit par exemple A^4 la puissance donnée ; on a
$$A^4 = A \times A \times A \times A$$
d'où
$$log\ A^4 = log\ A + log\ A + log\ A + log\ A = 4\ log\ A$$
et, en général,
$$log\ A^m = m\ log\ A$$

EXEMPLE : $log\ 6^7 = 7\ log\ 6.$

240. Corollaire I. — *Le logarithme de l'infini est infini.*
Cela vient de l'égalité
$$log\ a^n = n\ log\ a$$
Comme a est la base
$$log\ a = 1$$
Par suite, on a
$$log\ a^n = n$$
Si n devient infini, a^n devient aussi infini, et l'on peut écrire
$$log\ \infty = \infty.$$

241. Corollaire II. — *Le logarithme de 0 est égal à* — ∞.

On a $\qquad log\dfrac{1}{n}=log\,1 - log\,n = 0 - log\,n = - log\,n.$

Si n devient infini, $1/n$ devient nul, et l'on peut écrire

$$log\,0 = - log\,\infty = -\infty.$$

242. Théorème. — *Le logarithme de la racine d'un nombre est égal au logarithme de ce nombre, divisé par l'indice de la racine.*

On doit avoir, par exemple,

$$log\,\sqrt[7]{11}=\frac{log\,11}{7}$$

Pour le démontrer, posons

$$x=\sqrt[7]{11}$$

et élevons les deux membres de cette égalité à la 7e puissance, il viendra

$$x^7=11$$

En prenant les logarithmes des deux nombres, nous aurons

$$7\,log\,x = log\,11 \qquad \text{ou} \qquad log\,x = \frac{log\,11}{7}$$

En remplaçant x par sa valeur $\sqrt[7]{11}$, on a enfin

$$log\,\sqrt[7]{11}=\frac{log\,11}{7}$$

EXEMPLES : $\qquad$ 1° $\quad Log\,\sqrt{20}=\dfrac{log\,20}{2}$

$\qquad\qquad\qquad$ 2° $\quad Log\,\sqrt[3]{13}=\dfrac{log\,13}{3}$

III. — Logarithmes vulgaires.

243. Définition. — On appelle logarithmes *vulgaires* ou de *Briggs*, les logarithmes donnés par le système à base 10 :

$$\ldots : 10^{-4} : 10^{-3} : 10^{-2} : 10^{-1} : 1 : 10 : 10^2 : 10^3 : 10^4 : \ldots$$
$$\ldots . -4 . -3 . -2 . -1 . 0 . 1 . 2 . 3 . 4 . \ldots$$

A l'inspection de ce système, on tire les conséquences suivantes :

1° *L'exposant d'une puissance de 10 est le logarithme de cette puissance.*

Ainsi $\qquad\qquad log\,10^3=3, \qquad\qquad log\,10^{-2}=-2$; etc.

2° *Les puissances de 10 ont des logarithmes entiers.*

On a, en effet,

$$log.\,10=1, \qquad log\,10^2=2, \qquad log.\,10^3=3, \text{ etc.}$$

3° *Les fractions décimales ont leurs logarithmes négatifs.*

On voit, en effet, que

$$10^{-3}=\frac{1}{10^3}=\frac{1}{1000}$$

que $\qquad\qquad log\,10^{-3}=log\dfrac{1}{1000}=-3.$

4° *Les nombres compris entre 1 et 10 ont leurs logarithmes compris entre 0 et 1. En général, les nombres compris entre 10^m et 10^{m+1}, ont leurs logarithmes compris entre m et m+1.*

5° *Les puissances de 10 seules ayant leurs logarithmes entiers les autres nombres ont pour logarithmes des nombres fractionnaires.*

244. Caractéristique, mantisse. — On appelle *caractéristique* la partie entière d'un logarithme, et *mantisse* sa partie décimale.

245. Théorème. — *La caractéristique du logarithme d'un nombre plus grand que 1, renferme autant d'unités que ce nombre a de chiffres moins un à sa partie entière.*

Ainsi le logarithme de 45674 aura 4 pour caractéristique. En effet, ce nombre étant compris entre 10^4 et 10^5, son logarithme est compris entre 4 et 5 : sa caractéristique est 4.

246. Théorème. — *La caractéristique du logarithme d'une fraction décimale renferme autant d'unités négatives qu'il y a de zéros plus un entre la virgule et le premier chiffre significatif de cette fraction.*

Soit la fraction décimale

$$N=0,00000456789=\frac{456789}{10^{11}}$$

prenons les logarithmes des deux membres, nous aurons

$$log\ N=log\ 456789-log\ 10^{11}=log\ 456789-11 \qquad (1)$$

Mais le nombre 456789 a son logarithme compris entre 5 et 6 ; soit f la mantisse de ce logarithme, on pourra écrire

$$log\ 456789=5+f$$

par suite (1) devient

$$log\ N=5+f-11=-6+f=\overline{6}+f$$

REMARQUE. — Le signe — se met au-dessus de la caractéristique pour indiquer qu'il n'affecte que la partie entière du logarithme.

EXEMPLES. — 1° *Log* 0,0035 a $\overline{3}$ pour caractéristique.

2° *Log.* 0,00000000082 a $\overline{10}$ pour caractéristique.

247. Théorème. — *Lorsqu'on multiplie ou divise un nombre par 10^n, la mantisse du logarithme de ce nombre ne change pas, mais sa caractéristique est augmentée ou diminuée de n.*

Soit

$$log\ A=6,56783$$

1° Multiplions A par 10^5, nous aurons

$$log\ (A\times10^5)=log\ A+log\ 10^5=6,56783+5=11,56783$$

2° Divisons, au contraire, A par 10^5, nous aurons

$$log\frac{A}{10^5}=A-log10^5=6,56783-5=1,56783$$

EXEMPLES :

1° log 254 = 2,40484
2° log 2540 = 3,40484
3° log 2,54 = 0,40484
4° log 0,00254 = $\overline{3}$,40484

IV. — Logarithmes des fractions.

248. Théorème. — *On peut mettre sous deux formes différentes le logarithme d'une fraction.*

Soit la fraction $\dfrac{2}{900}$;   on aura

$$log\frac{2}{900}=log2-log900=0{,}30103-2{,}95424$$

Pour effectuer cette soustraction, on peut procéder de l'une des manières suivantes :

1° *On retranche le plus petit nombre du plus grand, et l'on donne au reste le signe —.*

On a ainsi : $log\dfrac{2}{900}=-2{,}65321$

2° *On augmente le plus petit nombre d'une ou de plusieurs unités, de manière que la soustraction devienne possible, puis on donne au reste pour caractéristique négative le nombre d'unités ajoutées au petit nombre.*

On a, en effet,

$$0{,}30103-2{,}95424=3{,}30103-2{,}95424-3=0{,}34679-3$$

ou $$0{,}30103-2{,}95424=\overline{3}{,}34679$$

249. Corollaire. — *Il résulte de ce théorème qu'un logarithme entièrement négatif peut être remplacé par un logarithme équivalent à caractéristique seule négative.*

Pour effectuer cette transformation, on suit la règle suivante :

250. Règle. — *Pour passer d'un logarithme entièrement négatif au logarithme équivalent à caractéristique seule négative, on retranche ce logarithme du nombre entier immédiatement supérieur, puis on donne pour caractéristique à cette différence ce même nombre entier surmonté du signe —.*

EXEMPLE : $-4{,}73852=(5-4{,}73852)-5=0{,}26148-5=\overline{5}{,}26148$.

251. Règle pour la transformation inverse. — *Pour rendre entièrement négatif un logarithme dont la caractéristique seule est négative, on retranche la mantisse de la caractéristique et l'on donne au reste le signe —.*

EXEMPLE : $\overline{5}{,}26148=-5+0{,}26148=-(5-0{,}26148)=-4{,}73852$.

V. — Problèmes résolus.

252. Problème I. — *Développer les expressions suivantes :*

$$1° \ log\ a^2b^3c \ ; \quad 2° \ log\frac{a^2b}{c^3} ; \quad 3° \ log\sqrt[5]{a^3b^2}.$$

On peut écrire :

$$1° \ log\ a^2b^3c=log\ a^2+log\ b^3+log\ c=2log\ a+3log\ b+log\ c$$

$$2° \ log\frac{a^2b}{c^3}=log\ a^2+log\ b-log\ c^3=2\ log\ a+log\ b-3\ log\ c$$

$$3° \ log\sqrt[5]{a^3b^2}=\frac{1}{5}\ log\ a^3b^2=\frac{1}{5}\ (log\ a^3+log\ b^2)=\frac{3\ log\ a+2\ log\ b}{5}$$

253. Problème II. — *Qu'indique l'expression*

$$\log a + 4 \log b - \frac{4 \log c}{3}$$

On a :

$$1° \quad 4 \log b = \log b^4$$
$$2° \quad \log a + 4\log b = \log ab^4$$
$$3° \quad 4 \log c = \log c^4$$
$$4° \quad \frac{4 \log c}{3} = \frac{\log c^4}{3} = \log\sqrt[3]{c^4}$$

Par suite,

$$\log a + 4 \log b - \frac{4 \log c}{3} = \log ab^4 - \log\sqrt[3]{c^4} = \log\frac{ab^4}{\sqrt[3]{c^4}}$$

254. Problème III. — *Transformer l'expression* $\log 0,0047$.

On a

$$\log 0,0047 = \log\frac{47}{10^4} = \log 47 - \log 10^4 = \log 47 - 4$$

255. Problème IV. — *Sachant que l'on a :*
$$\log 3 = 0,47712 \quad \text{et} \quad \log 6 = 0,77815,$$
calculer l'expression

$$\log \frac{3^2 . 2^3 . \sqrt{6}}{\sqrt[3]{18}}$$

On a d'abord :

$$\log 2 = \log\frac{6}{3} = \log 6 - \log 3 = 0,30103$$

et ensuite,

$$\log\frac{3^2 . 2^3 . \sqrt{6}}{\sqrt[3]{18}} = \log 3^2 + \log 2^3 + \log\sqrt{6} - \log\sqrt[3]{18}$$

D'autre part, on peut écrire :

$$1° \quad \log 3^2 = 2 \log 3 = 2 \times 0,47712 = 0,95424$$
$$2° \quad \log 2^3 = 3 \log 2 = 3 \times 0,30103 = 0,90309$$
$$3° \quad \log\sqrt{6} = \frac{1}{2} \log 6 = \frac{0,77815}{2} = 0,38907$$
$$4° \quad \log\sqrt[3]{18} = \frac{1}{3} \log 18 = \frac{1}{3} \log (3 \times 6) = \frac{1}{3}(0,47712 + 0,77815)$$

ou bien

$$\log\sqrt[3]{18} = 0,41842$$

On a donc

$$\log\frac{3^2 . 2^3 . \sqrt{6}}{\sqrt[3]{18}} = 0,95424 + 0,90309 + 0,38907 - 0,41842 = 1,82798$$

256. Problème V. — *Trouver la caractéristique du logarithme de chacun des nombres suivants*

$$1° \quad 0,00004521 \qquad 2° \quad 123456789$$

1° Le nombre 0,00004521 ayant 4 zéros entre la virgule et le premier chiffre significatif, son logarithme a $\overline{5}$ pour caractéristique.

2° Le nombre entier 123456789 ayant 9 chiffres, la caractéristique de son logarithme renferme 8 unités.

257. Problème VI. — *Résoudre le système suivant* :
$$log\ x + log\ y = 2 \qquad log\ x - log\ y = 0$$

En additionnant membre à membre ces deux équations, on trouve
$$2\ log\ x = 2 \qquad ou \qquad log\ x = 1$$

d'où
$$x = 10$$

En retranchant la seconde équation de la première, on obtient
$$2\ log\ y = 2 \qquad ou \qquad log\ y = 1$$

et, par suite,
$$y = 10$$

On a donc
$$x = y = 10$$

EXERCICES SUR LES LOGARITHMES VULGAIRES A 5 DÉCIMALES

Sachant que l'on a
$$log\ 2 = 0,30103$$
$$log\ 3 = 0,47712$$
$$log\ 5 = 0,69897$$

calculer les expressions suivantes :

908. $log\ 6$	**920.**	$log\ 144$
909. $log\ 10$	**921.**	$log\ \dfrac{10}{3}$
910. $log\ 4$		
911. $log\ 9$	**922.**	$log\ \dfrac{72}{25}$
912. $log\ 16$		
913. $log\ 30$	**923.**	$log\ \sqrt{2}$
914. $log\ 300$		
915. $log\ 20$	**924.**	$log\ \sqrt{6}$
916. $log\ 200000$	**925.**	$log\ \sqrt{5}$
917. $log\ 5000$	**926.**	$log\ \sqrt[3]{50}$
918. $log\ 36$	**927.**	$log\ \sqrt[5]{3600}$
919. $log\ 900$		

CHAPITRE IV

EMPLOI DES TABLES DE LOGARITHMES

I. — Préliminaires.

258. Définitions. — On appelle *table* de logarithmes la collection des logarithmes des nombres entiers, depuis l'unité jusqu'à un nombre donné.

Les tables les plus usitées sont les grandes tables à 7 décimales de Callet et de Dupuis, et les petites tables de Lalande à 7 et à 5 décimales.

259. Disposition des tables à 5 décimales de Dupuis — Ces tables renferment les logarithmes des nombres entiers de 1 à 10.000. Nous donnons ici la page 18 de ces tables.

18. Logarithmes des nombres de 1 à 10000

N	0	1	2	3	4	5	6	7	8	9
580	76 343	350	358	365	373	380	388	395	403	410
1	418	425	433	440	448	455	462	470	477	485
2	492	500	507	515	522	530	537	545	552	559
3	567	574	582	589	597	604	612	619	626	634
4	641	649	656	664	671	678	686	693	701	708
5	716	723	730	738	745	753	760	768	775	782
6	790	797	805	812	819	827	834	842	849	856
7	864	871	879	886	893	901	908	916	923	930
8	938	945	953	960	967	975	982	989	997	*004
9	77 012	019	026	034	041	048	056	063	070	078
590	085	093	100	107	115	122	129	137	144	151
1	159	166	173	181	188	195	203	210	217	225
2	232	240	247	254	262	269	276	283	291	298
3	305	313	320	327	335	342	349	357	364	371
4	379	386	393	401	408	415	422	430	437	444
5	452	459	466	474	481	488	495	503	510	517
6	525	532	539	546	554	561	568	576	583	590
7	597	605	612	619	627	634	641	648	656	663
8	670	677	685	692	699	706	714	721	728	735
9	743	750	757	764	772	779	786	793	801	808
600	815	822	830	837	844	851	959	866	873	880
1	887	895	902	909	916	924	931	938	945	952
2	960	967	974	981	988	996	*003	*010	*017	*025
3	78 032	039	046	053	061	068	075	082	089	097
4	104	111	118	125	132	140	147	154	161	168
5	176	183	190	197	204	211	219	226	233	240
6	247	254	262	269	276	283	290	297	305	312
7	319	326	333	340	347	355	362	369	376	383
8	390	398	405	412	419	426	433	440	447	455
9	462	469	476	483	490	497	504	512	519	526
N	0	1	2	3	4	5	6	7	8	9

```
5800' = 1° 36' 40'     S = 6,685   52   T.   69
5900  = 1  38 20                   52        69
6000  = 1  40  0                   51        70
```

260. A leur inspection, on peut faire les remarques suivantes :

1° Chaque page renferme 300 nombres, car si, à la suite de chacun des 30 nombres de la colonne N, on place successivement chacun des 10 chiffres,

                    0 1 2 3 4 9

écrits en haut des autres colonnes, on forme 300 nombres de 4 chiffres. Ainsi, par exemple, avec le nombre 581 on forme

                    5810 5811 5812 5819

2° La table ne renferme que les mantisses des logarithmes ; les caractéristiques s'obtiennent directement à l'inspection des nombres donnés (245-246). —

3° La mantisse du logarithme de l'un des 300 nombres se compose de cinq chiffres : les deux premiers sont les deux chiffres isolés 76, ou 77, ou encore 78 de la colonne 0 et placés à gauche dans cette colonne ; les trois autres composent l'un des nombres de 3 chiffres qui forment les colonnes

$$0 \quad 1 \quad 2 \quad 3 \quad 4 \quad ..... \quad 9$$

Ainsi, la mantisse du logarithme de 5954 se compose d'abord du nombre isolé 77 de la colonne 0, et du nombre 481 situé à l'intersection de la ligne contenant 595 et de la colonne 4. Cette mantisse est donc 77481 et l'on a

$$log \ 5954 = 3,77481$$

4° Lorsque les trois derniers chiffres d'une mantisse sont marqués d'un *astérique*, les deux premiers sont les deux chiffres isolés de la colonne 0, placés dans la ligne située au-dessous de l'astérique.

Ainsi les mantisses des logarithmes des 4 nombres

$$6026 \quad\quad 6027 \quad\quad 6028 \quad\quad 6029$$

sont respectivement :

$$78003 \quad\quad 78010 \quad\quad 78017 \quad\quad 78025$$

et non

$$77003 \quad\quad 77010 \quad\quad 77017 \quad\quad 77025$$

Les tables servent à résoudre les deux problèmes suivants :

1° *Etant donné un nombre quelconque, trouver son logarithme.*

2° *Etant donné un logarithme, trouver le nombre correspondant.*

II. — Premier problème.

261. — Nous distinguerons deux cas selon que le nombre donné *rendu entier* est inférieur ou supérieur à 10000.

262. Premier cas. — *Trouver le logarithme d'un nombre qui, rendu entier, est moindre que* 10000.

On applique la règle suivante :

Règle. — *Pour trouver le logarithme d'un nombre moindre que* 10000, *on calcule d'abord la caractéristique, puis on cherche directement la mantisse dans la table.*

263. Applications. — 1° *Trouver le log de* 456.

Ce nombre a trois chiffres ; sa caractéristique est 2, la mantisse est 65.896.

Le logarithme demandé est : 2,65896.

2° *Quel est le log. de* 2,789?

Ce nombre a un chiffre à sa partie entière ; la caractéristique du log. est 0. — La mantisse correspondante à 2789 est : 44545. Le logarithme demandé est : 0,44545.

3° *Quel est le log de* 0,0547 ?

Ce nombre est compris entre $\dfrac{1}{10}$ et $\dfrac{1}{100}$; sa caractéristique est $\overline{2}$.

La mantisse correspondante à 547 est 73.799.

Le logarithme demandé est : $\overline{2}$,73.799.

264. DEUXIÈME CAS. — *Trouver le logarithme d'un nombre qui, rendu entier, est supérieur à* 10000.

On suit la règle suivante :

265. Règle. — *Pour trouver le logarithme d'un nombre de plus de quatre chiffres :* 1º *on calcule la caractéristique de la partie entière ;* 2º *on cherche la mantisse des quatre premiers chiffres significatifs ;* 3º *on cherche la différence entre cette mantisse et celle du nombre suivant ;* 4º *on ajoute à la première mantisse le produit obtenu en multipliant cette différence par la fraction décimale qui suit les quatre premiers chiffres significatifs du nombre.*

266. Applications. — 1º *Trouver le log. de* 45,67806.

Ce nombre a deux chiffres à sa partie entière, donc la caractéristique est 1.

$$\text{log. } 45,67 = 1,65963,$$
$$\text{log. } 45,68 = 1,65973 ;$$

la mantisse de celui-ci surpasse de 10 celle du premier ; il faut donc ajouter à la première mantisse : $10 \times 0,806 = 8,06$.

Le logarithme demandé est par suite :

$$\begin{array}{r} 1,65963 \\ 8,06 \\ \hline 1,6597106 \end{array}$$

ou simplement : log 45,67806 $= 1,65971$.

2º *Quel est le logarithme de* 756432,80 ?

La caractéristique est 5.

Mantisse de 7564 :   87.875
Les 0,328 de la différence sont :   2   (environ)
Logarithme cherché :   5,87877

3º *Trouver le logarithme de* 0,000452873.

La caractéristique est $\overline{4}$.

Mantisse de 4528 :
                    65.591
Les 0,73 de la différence sont :   7 (environ).
Logarithme cherché : $\overline{4}$,65.598

III. — Deuxième problème.

267. Problème général. — *Trouver le nombre qui correspond à un logarithme donné.*

Pour résoudre ce problème, on applique la règle suivante :

268. Règle. — Pour trouver le nombre correspondant à un logarithme donné, on distingue deux cas.

PREMIER CAS. — La mantisse du *log* donné est dans la table.

Dans ce cas, une simple lecture suffit ; on trouve le nombre cherché, ou ce nombre multiplié par une puissance de 10. C'est la caractéristique qui indique le nombre de chiffres de la partie entière.

Application. — *Trouver l'antilogarithme* (1) *de* 5,87.303.

La mantisse est exactement contenue dans la table, le nombre correspondant est 7465.

La caractéristique étant 5, le nombre a 6 chiffres ; par conséquent l'antilogarithme cherché est 746.500.

269. DEUXIÈME CAS. — La mantisse du log. donné n'est pas dans la table.

Dans ce cas : 1° on prend le nombre qui correspond à la mantisse immédiatement inférieure ; 2° on cherche la différence entre cette mantisse et la mantisse donnée (petite différence) puis la différence entre la première mantisse et la suivante dans la table (grande différence) ; 3° on ajoute au premier nombre trouvé la fraction obtenue en divisant la petite différence par la grande ; 4° on fixe la partie entière d'après la caractéristique.

Application. — *Trouver l'antilogarithme de* $\overline{1}$,64575.

Le nombre 64575 n'est pas dans la table. — La mantisse immédiatement au-dessous est :

64.572 et l'antilog. correspondant : 4423. La mantisse immédiatement au-dessus est :   64582 et l'antilog. correspondant : 4424.

Petite différence :   64575—64572=3.

Grande différence : 64582—64572=10.

Lorsque les mantisses diffèrent de 10, les antilog. diffèrent de 1 ; si

les mantisses différaient de 1, les antilog. différeraient de $\frac{1}{10}$; et si les

mantisses diffèrent de 3, les antilog. différeront de $\frac{3}{10}$.

Ce raisonnement montre qu'il suffit de diviser la petite différence par la grande.

L'antilogarithme cherché serait : 4423,3 ; et en tenant compte de la caractéristique, on a : antilog. de $\overline{1}$,64575=0,44233.

IV. — Résolution de quelques problèmes.

Problème I. — *Calculer, à l'aide des logarithmes, le produit* 17×124 *et donner le logarithme final.*

On a

$$log\ (17×124)=log\ 17+log\ 124$$

Or, les tables donnent

$$log\ \ \ 17=1,23045$$
$$log\ \ \ 124=2,09342$$

D'où $$log\ \ (17×124)=3,32387$$

Il reste à trouver le nombre correspondant à ce logarithme. Les tables donnent exactement 2108.

1ʳᵉ *Rép.* 2108 ;   2ᵉ *Rép.* 3,32387

Problème II. — *Faire la somme des deux logarithmes*

$$5,56342 \quad et \quad \overline{3},97654$$

____

(1) C'est-à-dire le nombre qui a pour logarithme.

On écrit ces logarithmes l'un sous l'autre, de manière que les caractéristiques se correspondent :

$$\begin{array}{r} 5,56342 \\ \overline{3},97654 \\ \hline 3,53996 \end{array}$$

Puis on fait la somme comme pour deux nombres ordinaires

$$2+4=6 \qquad 4+5=9 \qquad 3+6=9 \qquad 6+7=13$$

on écrit 3 et l'on retient 1 ;

$$1+5+9=15$$

on écrit 5 et l'on retient 1 ;

$$1+5-3=3$$

La somme cherchée est donc 3,53996.

$$\textit{Rép.}\ \ 3,53996$$

Problème III. — *Additionner les deux logarithmes*
$$\overline{5},47693 \qquad \textit{et} \qquad -2,45982$$

On a
$$-2,45982=(3-2,45982)-3=\overline{3},54018$$
dès lors la somme se fait comme au problème précédent
$$\begin{array}{r} \overline{5},47693 \\ \overline{3},54018 \\ \hline \overline{7},01711 \end{array}$$

Après avoir additionné les deux mantisses, on retient 1, et l'on dit :
$$1-5-3=-7=\overline{7}$$
La somme est donc :
$$\textit{Rép.}\ \ \overline{7},01711$$

Problème IV. — *Effectuer la soustraction suivante*
$$\overline{3},27367-\overline{4},65971$$

On a
$$\overline{3},27367-\overline{4},65971=-3+0,27367+4-0,65971$$
Cette différence devient encore
$$(4-3)+0,27367-0,65971=1,27367-0,65971=0,61396$$
$$\textit{Rép.}\ \ 0,61396$$

Problème V. — *Multiplier par 5 le logarithme* $\overline{1},98647$.

On a
$$\overline{1},98647\times5=(-1+0,98647)5=-5+4,93235=\overline{1},93235$$
$$\textit{Rép.}\ \ \overline{1},93235$$

Problème VI. — *Diviser par 3 le logarithme* $\overline{4},57892$.

On ajoute —2 à la caractéristique pour la rendre divisible par 3, et
par compensation, on ajoute +2 à la mantisse.

On a
$$\frac{\overline{4},57892}{3}=\frac{\overline{6},57892+2}{3}=\frac{-6+2.57892}{3}=-2+0,85964=\overline{2},85964$$
$$\textit{Rép.}\ \ \overline{2},85964$$

Problème VII. — *Trouver le produit* $1254,56\times0,012735$ *et donner le
logarithme final.*

Soit P ce produit, on a
$$\textit{log}\ \text{P}=\textit{log}\ 1254,56+\textit{log}\ 0,012735$$

Les tables donnent

$$\log\ 1254,56 = 3,09849$$
$$\log\ 0,012735 = \overline{2},10500$$

D'où l'on conclut $\qquad \log\ \text{P} = 1,20349$

Par suite,

$$\textit{Rép. } \text{P.} = 15,976$$

Problème VIII. — *Trouver le quotient de 123,72 par 45973,45.*

Soit Q le quotient cherché ; on a

$$Q = \frac{123,72}{45973,45} = \frac{12372}{4597345}$$

d'où

$$\log\ Q = \log\ 12372 - \log\ 4597345$$

On trouve dans les tables :

$$\log\ 12372 = 4,09244$$
$$\log\ 4597345 = 6,66250$$

d'où $\qquad\qquad \log. \ Q = \overline{3},42994$

Les tables fournissent pour nombre correspondant 0,0026911

$$\textit{Rép. } Q = 0,0026911.$$

Problème IX. — *Calculer* $N = \dfrac{17^2 \times 0,4521^3 \times \sqrt{4564}}{11\sqrt[3]{427}}$

On a

$$\log N = \log\ 17^2 + \log\ 0,4521^3 + \log\ \sqrt{4564} - \log\ 11 - \log\ \sqrt[3]{427}$$

Or, les tables donnent :

$$\log.\ 17^2 = 2\ \log\ 17 = 2 \times 1,23045 = 2,46090$$
$$\log\ 0,4521^3 = 3\ \log\ 0,4521 = 3 \times \overline{1},65523 = \overline{2},96569$$
$$\log\sqrt{4564} = \frac{1}{2}\log\ 4564 = \frac{1}{2} \times 3,65935 = 1,82967$$
$$-\ \log\ 11 = -1,04139 = \overline{2},95861$$
$$-\ \log\sqrt[3]{427} = -\frac{1}{3}\log\ 427 = -\frac{1}{3} \times 2,63043 = \overline{1},12319$$

En additionnant, on trouve $\qquad \log\ N = 1,33806$

Par suite, N = 21,78.

Problème X. — *Trouver le nombre des termes de la progression*
$$\div 2 : 6 : 18 : \ldots\ldots : 4374$$

De la formule

$$l = aq^{n-1}$$

On tire

$$\log\ l = \log\ a + (n-1) \times \log\ q$$
$$n = \frac{\log\ q + \log\ l - \log\ a}{\log\ q} = \frac{\log\ 3 + \log\ 4374 - \log\ 2}{\log\ 3}$$

Les tables donnent

$$n = \frac{0,47712 + 3,64088 - 0,30103}{0,47712} = 8$$

$$\textit{Rép. } 8 \text{ termes.}$$

Problème XI. —— *Etant donnés le premier terme 1/243, le dernier terme 6561 et le nombre 14 des termes d'une progression géométrique, calculer la raison.*

La formule

$$l = aq^{n-1}$$

donne

$$log\ l = log\ a + (n-1)\ log\ q$$

d'où l'on tire

$$log\ q = \frac{log\ l - log\ a}{n-1} = \frac{log\ 6561 - log\ 1/243}{13}$$

Or,

$$log\ 6561 = 3,81697$$
$$-log\ 1/243 = 2,38561$$

Par suite,

$$\frac{log\ 6561 - log\ 1/243}{13} = \frac{6,20258}{13} = 0,47712$$

$$Rép.\ q = 3$$

Problème XII. — *Résoudre l'équation $5^x = 20$.*

En prenant les logarithmes, il vient

$$x\ log\ 5 = log\ 20 = log\ (5 \times 4) = log\ 5 + log\ 4$$

d'où

$$x = \frac{log\ 5 + log\ 4}{log\ 5} = 1 + \frac{log\ 4}{log\ 5} = 1 + \frac{0,60206}{0,69897}$$

La valeur de x est 1,8613.

$$Rép.\ x = 1,8613.$$

EXERCICES SUR LES LOGARITHMES A 5 DÉCIMALES

Trouver, à l'aide des tables, les logarithmes des nombres suivants :

928.	345	950.	634278	972.	0,0000056823
929.	3450	951.	37002	973.	$\pi = 3,1341592$
930.	34,50	952.	0,2509067	974.	$\sqrt{2}$
931.	5,436	953.	12467,25	975.	$\sqrt{3}$
932.	39654	954.	0,0456	976.	$1/\sqrt{2}$
933.	2458,72	955.	0,23542	977.	$1/\sqrt{3}$
934.	7834	956.	39,64	978.	$1/\pi$
935.	6470	957.	0,002578	979.	$g = 9,8088$
936.	52,78429	958.	0,00016585	980.	$1/g$
937.	1447,25	959.	2,83568	981.	360, 180, 90
938.	8,837	960.	132,629	982.	$\frac{17}{60}$
939.	2560,56	961.	3,15245		
940.	103555	962.	0,26305	983.	$49\frac{4}{7}$
941.	3247,75	963.	0,00316295		
942.	670925	964.	0,009583	984.	$\frac{130}{16}$
943.	4938265	965.	1,4527		
944.	56792,74	966.	0,003	985.	$168\frac{5}{9}$
945.	843,5725	967.	0,000002		
946.	9,758496	968.	0,003003	986.	$\frac{7}{30}$
947.	50809	969.	0,30103		
948.	168579	970.	4,78621		
949.	241,10	971.	0,0045272		

987.	241 3/5	**994.**	1/47	**1001.**	125/126
988.	536 5/8	**995.**	0,025/63	**1002.**	0,125/0,250
989.	324 7/90	**996.**	64 5/8		
990.	5/7	**997.**	60/1123	**1003.**	$\dfrac{1}{3} - \dfrac{1}{12}$
991.	8/11	**998.**	1/17893		
992.	17/23	**999.**	249 3/4	**1004.**	$\sqrt{1/3}$
993.	37 2/3	**1000.**	526/ 8/9	**1005.**	$\sqrt[3]{1/13}$

Donner sous deux formes différentes les logarithmes des fractions suivantes :

1006.	0,436	**1015.**	0,4568	**1024.**	457/86320
1007.	0,7348	**1016.**	0,03649	**1025.**	5,34/78463
1008.	0,3629	**1017.**	0,0073482	**1026.**	0,07/45872000
1009.	0,6735	**1018.**	0,000549072	**1027.**	17/21,453
1010.	0,56849	**1019.**	1/13	**1028.**	0,43/566132
1011.	0,0043212	**1020.**	1/19	**1029.**	0,7/0,95
1012.	0,000056472	**1021.**	34/55	**1030.**	0,00058321/23
1013.	0,00000056	**1022.**	75/89	**1031.**	471/3728
1014.	0,237	**1023.**	237/735		

Trouver les nombres correspondant aux logarithmes suivants :

1032.	1,98227	**1046.**	0,54967	**1060.**	0,49715
1033.	2,07555	**1047.**	6,98712	**1061.**	6,53501
1034.	2,29226	**1048.**	2,35727	**1062.**	0,53470
1035.	3,08027	**1049.**	2,00713	**1063.**	4,89572
1036.	0,90309	**1050.**	1,89238	**1064.**	2,79957
1037.	2,82478	**1051.**	1,78867	**1065.**	5,34288
1038.	2,85944	**1052.**	1,15536	**1066.**	3,00255
1039.	2,87967	**1053.**	0,34576	**1067.**	6,72635
1040.	3,99025	**1054.**	0,60206	**1068.**	1,48846
1041.	4,99996	**1055.**	3,94212	**1069.**	2,56734
1042.	3,57012	**1056.**	0,43429	**1070.**	0,88703
1043.	4,57925	**1057.**	0,00647	**1071.**	0,73324
1044.	3,62744	**1058.**	0,01072	**1072.**	0,67253
1045.	5,13510	**1059.**	0,01494	**1073.**	3,82607

Trouver la fraction décimale correspondant à chacun des logarithmes suivants :

1074.	—4,38275	**1089.**	$\overline{2},73344$	**1104.**	—0,78522
1075.	—0,26187	**1090.**	$\overline{4},20037$	**1105.**	—1,93100
1076.	—1,68592	**1091.**	$\overline{3},63900$	**1106.**	—4,22469
1077.	—0,01426	**1092.**	$\overline{2},45051$	**1107.**	$\overline{1},78432$
1078.	—1,37395	**1093.**	$\overline{4},24372$	**1108.**	$\overline{3},56845$
1079.	—2,45739	**1094.**	—3,81425	**1109.**	$\overline{1},96583$
1080.	—3,76489	**1095.**	$\overline{4},18575$	**1110.**	—3,45211
1081.	—0,99457	**1096.**	$\overline{3},86372$	**1111.**	—0,77711
1082.	$\overline{1},36573$	**1097.**	$\overline{4},68456$	**1112.**	—2,88757
1083.	$\overline{1},73813$	**1098.**	$\overline{1},35762$	**1113.**	$\overline{11},30103$
1084.	$\overline{2},31408$	**1099.**	$\overline{1},44555$	**1114.**	$\overline{7},47712$
1085.	$\overline{1},98574$	**1100.**	$\overline{3},78461$	**1115.**	$\overline{2},60206$
1086.	$\overline{4},18575$	**1101.**	—1,13255	**1116.**	$\overline{1},49251$
1087.	$\overline{4},73628$	**1102.**	—3,57473	**1117.**	$\overline{4},25257$
1088.	$\overline{1},23477$	**1103.**	—2,35457	**1118.**	$\overline{2},43327$

Au moyen des logarithmes, effectuer les opérations suivantes et donner le logarithme final.

1119. $6,534 \times 9,647$

1120. $5483 \times 7,832 \times 7,383$

1121. $\dfrac{7,43 \times 5,12}{620}$

1122. $\dfrac{41635 \times 3694}{4627}$

1123. $\dfrac{7968 \times 9347}{6348}$

1124. $\dfrac{5489 \times 24730}{724 \times 325}$

1125. $0,347 \times 0,0576 \times 0,049$

1126. $0,49 \times 1,547 \times 27,095$

1127. $\dfrac{0,735 \times 0,0948}{0,654}$

1128. $\dfrac{0,548 \times 0,7854}{0,378}$

1129. $0,925 : (0,038 \times 0,584)$

1130. $\sqrt{2}$

1131. $\sqrt{3}$

1132. $\sqrt[3]{2}$

1133. $\sqrt[3]{3}$

1134. $\sqrt{5}$

1135. $\sqrt{13}$

1136. $\sqrt[3]{10}$

1137. 3^2

1138. 3^5

1139. 11^3

1140. 14^{10}

1141. $(0,257)^3$

1142. $(41/56)^3$

1143. $(0,368)^5$

1144. $(37/69)^4$

1145. $\sqrt[5]{0,837}$

1146. $\sqrt[6]{5,65}$

1147. $\sqrt[7]{0,05649}$

1148. $(3/22)^6$

1149. $(5/73)^7$

1150. $\sqrt[3]{9,341}$

1151. $\sqrt[5]{7/34}$

1152. $1,3478 \times 0,25743$

1153. $5,6428 : 11,28416$

1154. $\sqrt[7]{9,55649}$

1155. $\sqrt[8]{9/13}$

1156. $\sqrt[5]{34/272}$

1157. $\sqrt[11]{7/12}$

1158. $2,435 \times 0,067 \times 9,0095$

1159. $3,973 \times 3,471 \times 0,005$

1160. $(0,482 \times 0,006) : 5,045$

1161. $7,5^4$

1162. $1,25^5$

1163. $\sqrt[5]{9345}$

1164. $\sqrt[7]{25639}$

1165. $\sqrt[11]{149627}$

1166. $0,035 \times \sqrt{0,035} \times 0,035^4$

1167. $(\sqrt{3} \times 3^2) : \sqrt[3]{3^4}$

1168. $\dfrac{27}{32} : \dfrac{4}{7}$

1169. $\dfrac{3}{47} : \dfrac{82}{9}$

1170. $(0,367)^4$

1171. $2,049^5$

1172. $\sqrt[4]{2,9943}$

1173. $\sqrt[5]{1,009}$

1174. $\sqrt[5]{26,35}$

1175. $\sqrt[4]{7/325}$

Résoudre les équations suivantes :

1176. $2^x = 1024$

1177. $0,73^x = 0,5329$

1178. $\left(\dfrac{3}{4}\right)^x = 7$

1179. $10^x = 2$

1180. $10^x = 5$

1181. $2 \log x = 6 \log 2$

1182. $\log x = \log 36 - 2 \log 3$

1183. $2 \log x - 2 \log 4 = \log 3 - \log 7$

1184. $\dfrac{1}{5} \log x = \dfrac{\log 7}{5} + \log 2$

1185. $12 x^{2-2x+3} = 1728$

1186. $\log x + \log y = 1,47712$
$\log x - \log y = 0,52288$

1187. $\log x + \log y = \log 3 + 2 \log 2$
$\log x - \log y = \log 3 - 2 \log 2$

PROBLÈMES

1188. Trouver le nombre des termes de la progression
$$\div 4 : 8 : 16 : \ldots : 1024$$

1189. Trouver le nombre des termes de la progression
$$\div 4080 : 2040 : \ldots : 31,875$$

1190. Trouver le nombre des termes et la raison d'une progression géométrique dont le premier terme et le denier sont 9 et 9216 et la somme des termes 18423.

1191. Trouver la raison d'une progression géométrique dont le premier terme est $\dfrac{1}{2187}$, le dernier 729 et le nombre des termes 14.

1192. La population d'un pays s'accroît chaque année du $\dfrac{1}{100}$ de sa valeur. Dans combien d'années cette population sera-t-elle triplée?

1193. Sachant qu'après le déluge, la population de la terre était de 8 personnes et que son accroissement annuel moyen a été de 1/220, quel est le chiffre actuel de la population du globe? (Le déluge a eu lieu il y a 4200 ans.)

1194. Etant donnée la progression
$$\div 6 : 12 \ldots : 12288$$
trouver le nombre de ses termes.

CHAPITRE V

INTÉRÊTS COMPOSÉS ET ANNUITÉS

I. — Intérêts composés.

270. Définitions. — Une somme est placée à *intérêts composés*, lorsque, à la fin de chaque année, les intérêts *s'ajoutent* au capital pour produire eux-mêmes intérêt.

On dit que les intérêts sont *capitalisés* lorsqu'ils sont ainsi ajoutés au capital.

On appelle *taux* des intérêts composés, l'intérêt annuel de 100 fr. On désigne par *r* le centième du taux : *r* est donc l'intérêt annuel d'*un* franc.

271. Etablissement de la formule des intérets composés. — Soient a un capital placé à intérêts composés, r, l'intérêt annuel de 1 fr. et n le nombre d'années pendant lesquelles le capital a reste placé.

Puisque 1 fr. produit un intérêt annuel égal à r, a fr. produiront $a \times r$. Par suite, le capital a réuni à ses intérêts vaudra après un an

$$a + ar = a(1+r)$$

Ainsi, pour savoir ce que devient après un an un capital placé à intérêts composés, il suffit de multiplier ce capital par $1+r$.

Le capital $a(1+r)$ vaudra donc, réuni à ses intérêts après un an,

$$a(1+r)(1+r) = a(1+r)^2$$

Ce dernier capital vaudra de même, après un an,

$$a(1+r)^2(1+r) = a(1+r)^3$$

et ainsi de suite.

Si l'on désigne par A le capital définitif après n années, il est évident que l'on a

$$A = a(1+r)^n \qquad (1)$$

272. Modification à la formule (1). — Si les intérêts se capitalisaient tous les 6 mois, le taux pour un an étant $100\, r$, pour 6 mois, serait $100\,\dfrac{r}{2}$ et le nombre de capitalisations serait $2n$.

Par suite, l'intérêt de 1 fr. pour 6 mois serait $\dfrac{r}{2}$.

La formule deviendrait donc :

$$A = a\left(1+\frac{r}{2}\right)^{2n} \qquad (2)$$

273. Applications de la formule (1). — La formule

$$A = a(1+r)^n$$

contient quatre quantités, A, a, r et n ; on peut, par suite, calculer l'une d'elles quand on connaît les trois autres. De cette formule, on tire :

$$A = a(1+r)^n \qquad (1)$$

$$a = \frac{A}{(1+r)^n} \qquad (2)$$

et, en prenant les logarithmes

$$\log A = \log a + n \log(1+r) \qquad (3)$$

$$\log a = \log A - n \log(1+r) \qquad (4)$$

$$n = \frac{\log A - \log a}{\log(1+r)} \qquad (5)$$

$$\log(1+r) = \frac{\log A - \log a}{n} \qquad (6)$$

Applications. — 1° *Trouver la valeur acquise par le capital 10000 fr. placé à intérêts composés pendant 20 ans à 4 %.*

La formule (3) permet d'écrire

$$\log A = \log 10000 + 20 \log 1,04$$

Les tables de logarithmes donnent
$$\log 10000 = 4$$
$$20 \log 1,04 = 0,34060$$
d'où
$$\log A = 4,34060$$
et par suite,
$$A = 21908 \text{ fr.}$$

2° *Quel est le capital qui, placé à intérêts composés pendant 15 ans à 5 %, est devenu 20.000 fr.?*

La formule (4) permet d'écrire
$$\log . a = \log 20000 - 15 \log 1,05.$$
Les tables de logarithmes donnent
$$\log 20.000 = 4,30103$$
$$-\ 15 \log 1,05 = \overline{1},68215$$
d'où
$$\log a = 3,98318$$
et, par suite,
$$a = 9620 \text{ fr.}$$

3° *Une somme de 12000 fr. est restée placée à intérêts composés à 4,50 % pendant un temps inconnu après lequel cette somme est devenue 25.000 fr. Quel est ce temps?*

La formule (5) permet d'écrire
$$n = \frac{\log 25000 - \log 12000}{\log 1,045}$$
On trouve dans les tables de logarithmes
$$\log 25000 = 4,39794$$
$$-\ \log 12000 = -4,07918$$
On tire de là
$$\log 25000 - \log 12000 = 0,31876$$
D'autre part,
$$\log 1,045 = 0,01912$$
On a donc
$$n = \frac{0,31876}{0,01912} = 16 \text{ ans } 8 \text{ mois } 5 \text{ jours.}$$

4° *A quel taux a été placée une somme de 8.450 fr. qui est devenue 15.175 fr. après 12 ans?*

La formule (6) permet d'écrire
$$\log (1+r) = \frac{\log 15175 - \log 8450}{12}$$
On trouve dans les tables :
$$\log 15175 = 4,18113$$
$$\log\ \ 8450 = 3,92686$$
d'où $\qquad \log 15175 - \log 8450 = 0,25427$
Par suite,
$$\log (1+r) = \frac{0,25427}{12} = 0,02119$$
On tire de là
$$1+r = 1,05$$
ou
$$r = 0,05$$
Le taux 100r est donc 5 %.

5° *Combien faut-il de temps à une somme placée à intérêts composés pour devenir p fois plus grande, l'intérêt de 1 fr. étant r?*

On a $\qquad\qquad A = a(1+r)^n$

Mais puisque $A = pa$, on a aussi
$$pa = a(1+r)^n$$
ou
$$p = (1+r)^n$$
En prenant les logarithmes, il vient :
$$\log p = n \log (1+r)$$
d'où
$$n = \frac{\log p}{\log (1+r)}$$

Soit, comme application, à trouver combien il faut de temps à un capital pour se doubler à 5 %.
On a :
$$p = 2 \qquad r = 0,05$$

Par suite,
$$n = \frac{\log 2}{\log 1,05} = \frac{0,30103}{0,02119} = 14 \text{ ans } 2 \text{ mois } 15 \text{ jours.}$$

II. — Constitution d'un capital.

274. Définition. — On appelle *annuité* une somme fixe versée tous les ans dans le but de *constituer* un capital ou d'*amortir* une dette.

275. Problème général. — *Une personne place à intérêts composés au commencement de chaque année, une somme fixe* a. *Quel sera le capital constitué après* n *années, l'intérêt annuel de 1 fr. étant* r?

La première annuité a reste placée pendant n années ; après ce temps elle vaut
$$a(1+r)^n$$
La deuxième annuité reste placée pendant $n-1$ années ; après ce temps elle vaut
$$a(1+r)^{n-1}$$
La troisième annuité vaudra après $n-2$ années,
$$a(1+r)^{n-2}, \text{ etc.}$$
La dernière annuité versée reste placée pendant un an et sa valeur est
$$a(1+r)$$
Si le capital constitué est A, on a
$$A = a(1+r) + a(1+r)^2 + \ldots + a(1+r)^{n-1} + a(1+r)^n$$
ou
$$A = a[(1+r) + (1+r)^2 + \ldots + (1+r)^{n-1} + (1+r)^n]$$

La quantité entre crochets est une progression géométrique de n termes ayant $1+r$ pour raison et dont la somme des termes est
$$S_n = \frac{(1+r)^{n+1} - (1+r)}{r}$$

Le capital constitué est donc
$$A = aS_n \qquad\qquad (1)$$
ou
$$A = \frac{a}{r}[(1+r)^{n+1} - (1+r)] \qquad\qquad (2)$$

276. Applications. — *Un père veut constituer une dot à chacun de ses 4 enfants, en plaçant annuellement pendant 15 ans la somme de 4320 fr. à 5 % et à intérêts composés. Combien, après ce temps, chaque enfant recevra-t-il?*

La formule (2) ou

$$A = \frac{a}{r}[(1+r)^{n+1} - (1+r)]$$

devient

$$A = \frac{4320}{0,05}(1,05^{16} - 1,05)$$

On peut calculer $1,05^{16}$ par logarithmes.

Les tables de logarithmes fournissent

$$log\ 1,05^{16} = 16\ log\ 1,05 = 0,33904$$

d'où

$$1,05^{16} = 2,18295$$

On a dès lors

$$A = \frac{4320}{0,05}(2,18295 - 1,05) = 97886\ fr.\ 88.$$

Chaque enfant recevra

$$\frac{97886,88}{4} = 24471\ fr.\ 72$$

2° Quelle somme faut-il placer annuellement au taux 4 % pour obtenir 45.000 fr. après 10 ans?

Dans la formule

$$a = \frac{45000 \times 0,04}{1,04^{11} - 1,04}$$

On aurait pu calculer $1,04^{11}$ par les logarithmes ; les tables donnent

$$11\ log\ 1,04 = 0,18733$$

Le nombre correspondant est $1,53932$

On a donc

$$a = \frac{45000 \times 0,04}{1,53932 - 1,04} = 3.604\ fr.\ 85$$

3° Une personne place annuellement 2000 fr. à 4,50 % et à intérêts composés. Après combien d'années recevra-t-elle 65566 fr. 25?

En passant aux logarithmes, on a :

$$n\ log\ 1,045 = log\ 2,4117135$$

d'où

$$n = \frac{log\ 2,4117135}{log\ 1,045} = \frac{0,38234}{0,01912} = 20$$

III. — Amortissements.

277. Problème général. — *Une personne a emprunté une somme A, à intérêts composés. Elle veut se libérer au moyen de n paiements annuels égaux. Quelle doit être la valeur de chaque annuité, l'intérêt de 1 fr. étant r?*

Après n années, la somme A vaudra $A(1+r)^n$ entre les mains du débiteur. Pour rembourser la somme $A(1+r)^n$, ce débiteur verse n annuités. La première annuité a rapporte intérêts pendant $n-1$ années entre les mains du créancier et vaut après ce temps

$$a(1+r)^{n-1}$$

La deuxième annuité qui reste placée $n-2$ ans vaudra

$$a(1+r)^{n-2}$$

La troisième vaudra $\qquad a(1+r)^{n-3}$

L'avant-dernière reste placée pendant un an et vaut
$$a(1+r)$$

Enfin la dernière annuité est versée à la fin de la dernière année et vaut seulement a.

On doit donc avoir
$$A(1+r)^n = a(1+r)^{n-1} + a(1+r)^{n-2} + \ldots + a(1+r) + a$$
ou bien
$$A(1+r)^n = a[(1+r) + (1+r)^2 + \ldots + (1+r)^{n-2} + (1+r)^{n-1}] + a$$

En désignant par S_{n-1} la quantité entre crochets, on a
$$S_{n-1} = \frac{(1+r)^n - (1+r)}{r}$$

Par suite, $\qquad A(1+r)^n = aS_{n-1} + a$

ou
$$A = \frac{a(S_{n-1}+1)}{(1+r)^n} = \frac{a[(1+r)^n - 1]}{r(1+r)^n} \qquad (1)$$

Application. — *Pour éteindre une dette, on doit verser 22 annuités de 1565 fr. chacune, au taux 5 %. Quelle est la dette à éteindre?*

La formule (1) peut s'écrire
$$A = \frac{1565\,(1{,}05^{22} - 1)}{0{,}05 \times 1{,}05^{22}}$$

Or $\qquad 1{,}05^{22} = 2{,}9252607$

Par suite,
$$A = \frac{1565 \times 1{,}9252607}{0{,}05 \times 2{,}9252607} = 20.600 \text{ fr.}$$

PROBLÈMES SUR LES INTÉRÊTS COMPOSÉS

1195. Que devient la somme de 1000 fr. placée à intérêts composés au 5 % pendant cinq ans?

1196. On a prêté 10.000 fr. à 4% depuis 11 ans. Combien doit-on recevoir, capital et intérêt compris?

1197. Un chef d'usine emprunte à 4,50 % et à intérêts composés la somme nécessaire pour se procurer 500 tonnes de houille à 13 fr. la tonne. Combien devra-t-il verser s'il ne paie qu'au bout de six ans?

1198. Quelle somme faut-il verser actuellement à 3 % et à intérêts composés pour retirer dans quatorze ans la somme de 12.000 fr. capital et intérêts compris?

1199. Il y a 11 ans ½ qu'un négociant me prêta 60.000 fr. à 6 % et à intérêts composés. Combien lui dois-je?

1200. Vaut-il mieux placer 6500 fr. à 4 % et à intérêts composés pendant 5 ans que de les placer à 5 % pendant le même temps et à intérêts simples? *(Brev. sup.).*

1201. Vaut-il mieux prêter pour 7 ans 2500 à 5 % en capitalisant les intérés tous les six mois, que de les prêter à 6 % en capitalisant les intérêts tous les ans?

1202. Un marchand achète 586 hl. de froment, à 18 fr. 50 l'hectolitre qu'il doit payer au bout de 5 ans 8 mois avec les intérêts composés à 5,50 %. Combien, à l'échéance, devra-t-il débourser, et combien doit-il revendre l'hectolitre pour bénéficier de 780 fr.?

1203. Calculer la valeur actuelle de 6000 fr., placés à intérêts composés depuis 3 ans 5 mois, sachant que le taux est 5 %.

1204. Un homme riche, voulant récompenser deux écoliers, âgés l'un de 9 ans et l'autre de 12, leur partage 3500 fr. de manière que chaque part placée à intérêts composés à 5 % donne 2773 fr. 43 lorsque chacun de ces enfants aura atteint sa 20ᵉ année. Comment a-t-on partagé les 3500 fr.?

1205. Dans combien de temps la somme de 10.000 fr., placée à intérêts composés à 4 % sera-t-elle devenue 19479 fr.?

1206. On a placé à intérêts composés la somme de 5000 fr. à 6 %. Au bout de combien de temps recevra-t-on 6.000 fr.?

1207. Un homme place la somme de 10.000 fr. à intérêts composés et à 5 %; s'il ne veut la retirer que lorsqu'elle sera triplée, combien devra-t-il attendre?

1208. Combien faut-il de temps pour qu'une somme placée à intérêts composés soit : 1° doublée; 2° triplée ; le taux étant : 1° 3 %, 2° 4, 3° 5, 4° 6?

1209. Si, à la naissance de Notre-Seigneur Jésus-Christ, on avait placé 0 fr. 05 à intérêts composés au taux de 4 %, combien ce sou aurait-il valu au 1ᵉʳ janvier 1895?

PROBLÈMES SUR LES CONSTITUTIONS DE CAPITAUX

1210. Un domestique désire connaître quelle somme il touchera après 20 ans, s'il place à intérêts composés à 5 % une somme de 200 fr. au commencement de chaque année.

1211. On place au commencement de chaque année la somme de 10000 fr. à 6 %. Combien devra-t-on retirer après 10 ans, capital et intérêts simples compris ; combien aurait-on retiré de plus si les intérêts avaient été capitalisés tous les ans?

1212. Au commencement de chaque année, un négociant a placé une certaine somme à intérêts composés et à 5 %. Quelle somme versait-il annuellement, si après 10 ans il retire 41.271 fr. 21 ?

1213. On fait au premier jour de chaque année un versement de 500 fr. à intérêts composés à 5 %. Après combien d'année pourra-t-on toucher un capital de 18752 fr. 61?

1214. A quel taux faudrait-il placer annuellement la somme de 25000 fr. pour retirer après dix années la somme de 312.158 fr. 81?

PROBLÈMES SUR LES AMORTISSEMENTS

1215. Quelle annuité faut-il payer pour amortir en 15 ans une dette de 40.000 fr., les intérêts se capitalisant tous les ans à 5 %?

1216. Quelle est la dette que l'on peut éteindre en 6 ans en payant une annuité de 750 fr. au taux de 5 %?

1217. Sur une dette de 15.000 fr., dont les intérêts sont composés et à 5 %, on a payé 10 annuités de 1.000 fr. l'une. Que doit-on encore?
(Brev. sup.).

1218. Combien faudrait-il de temps pour rembourser une somme de 12.800 fr. prêtée à 5 % et à intérêts composés, si l'on paie 950 fr. chaque année?

1219. Une ville emprunte 185.000 fr. qu'elle doit rembourser en 12 paiements annuels égaux, dont le premier aura lieu un an après l'emprunt. Calculer l'annuité à payer, le taux de l'intérêt composé étant 4,5 %.
(Brev. sup.).

CHAPITRE VI

EXERCICES ET PROBLÈMES DE RÉCAPITULATION

I. Calcul algébrique.

Réduire les termes semblables :

1220. $450 - 124a^3 + 33 - 52a^3 + 67 - 11a^3 - 457 + 87a^3 + 7$

1221. $19a^2 - \dfrac{3b^2}{6} + a^4 - 4b^3 + \dfrac{5a^2}{6} + \dfrac{4a^4}{7} - \dfrac{8b^2}{9} - \dfrac{3a^4}{4}$

Calculer les expressions suivantes, pour x$=2$ *et* a$=-2$

1222. $a^3x^3 - 3a^2x^2 + 3ax - 1$

1223. $\dfrac{2x^3}{a^4} - \dfrac{4a^3}{x^2} + \dfrac{a^2x^2}{6} - \dfrac{a^3}{8} - \dfrac{x^3}{9} + 9$

Etant donnés les 4 polynômes

$$A = a^2 + 2ab + b^2 \qquad C = -a^2 + 2ab - b^2$$
$$B = a^2 - 2ab + b^2 \qquad D = 2ab - 2a^2 - 2b^2$$

former les expressions suivantes :

1224. $5A - 4B - 3C + 2D$

1225. $4(A - B) - 3(D - C)$

1226. $2A - 3B + 2C - 3D$

1227. $3(A + D) + 2(A - C) + 3(C - B)$

Effectuer et réduire :

1228. $a^2(-a^2)a^3(-a^4)(-a^5)a^6$

1229. $x^3(-x^5)(-x)(-x^2)x^4$

1230. $6x^3(-18x^2y)18xy^2(-6y^3)\dfrac{x^2y^2}{1944}$

1231. $(-12a^2b^3c^4)^2(-2a^3b^2c^4)^3$

1232. $(12 - 12x^2y^4 + 15x^2 - 24y^3)(-14x^2y^3)$

1233. $-27a^5x^4y^3z^2\left(\dfrac{-2a^4x^2}{27} + \dfrac{3ax^2yz^2}{21} - 5a^3x^2y^3z^4\right)$

Décomposer en facteurs :

1234. $19x^2 - 38x^4 + 152x^5 - 608x^3$

1235. $(5ax^3)^4 - (5a^2x^2)^5 + (5a^2x^4)^2 - (5a^4x)^6$

1236. $125x^3y^6 - 1$ **1237.** $(x^3z^4)^4 - 1$

Effectuer les opérations indiquées :

1238. $(x^4+y^4-x^2y^2)(x^2-y^2+xy)$.

1239. $\left(\dfrac{3x^3}{4}-6x^2y-\dfrac{xy^2}{2}+5y^3\right)\left(-2x^2+\dfrac{2xy}{3}-\dfrac{y^2}{3}\right)$

1240. $(15a^4b^2-7a^2b^4)^2$

1241. $\left(\dfrac{x^2+y^2}{2}\right)^2-\left(\dfrac{x^2-y^2}{2}\right)^2$

1242. $(a-7b)^3$

1243. $(4x^3-1)^3$

1244. $(9a^4-5a^2)^3$

1245. $\left(1-\dfrac{1}{x}+\dfrac{1}{x^2}\right)^3$

1246. $(a^2+a-1)^3$

1247. $(a+b)^4$

1248. $(a-b)^4$

1249. $(a+1)^4$

1250. $(x^2-1)^4$

1251. $(a+b+1)^3$

1252. $(a-b+c-d)^2$

1253. $\left(x^3-\dfrac{1}{x^3}\right)^4$

1254. *Trouver deux nombres consécutifs dont la différence des cubes soit 397.*

Si l'on a
$$a+b=m \qquad\qquad ab=n$$
trouver en fonction de **m** *et de* **n** *chacune des expressions suivantes :*

1255. $a^3+b^3+3a^2b+3ab^2$

1256. a^5+b^5.

1257. $\dfrac{1}{a}+\dfrac{1}{b}$

1258. $\dfrac{1}{a^2}+\dfrac{1}{b^2}$

Effectuer les divisions suivantes :

1259. $a^{m+5} : a^{m-4}$

1260. $a^{2m+1} : (-a^{1-3m})$

1261. $(a^{-3} : a^{-6}) : (a^5 : a^8)$

1262. $a^{5m}b^{3n} : a^{-m}b^{3m}$

1263. $-a^5b^{4-m} : a^6b^{5-m}$

1264. $-5^4.6^5.7^{-4} : (-5^{-3}.6^{-5}.7^{-4})$

Transformer les expressions suivantes en s'appuyant sur la définition de l'exposant négatif :

1265. a^{-4}

1266. 3^7

1267. $(a^2b)^{-4}$

1268. $1/a$

1269. $1/a^3$

1270. a/b

Effectuer les opérations indiquées :

1271. $(-27a^7b^4c^3d^6) : (-25a^6b^4c^3d^6)$

1272. $a^5x^{m+1}y^{n+1} : a^3x^{m-1}y^{n-1}$

1273. $(-3a^2b^5\times 4a^3b^4c) : (-7a^2b^4\times 28a^5b^2c)$

Simplifier les quotients indiqués :

1274. $-49a^5b^2c^3 : (-28a^6b^3c^4)$

1275. $(-50a^3bc^2) : [(-100a^4b^3)\times(2a^{-2}bc^3)]$

1276. $[(-a^4x^5y^6z^3)\times(a^3x^5y^6z^4)] : (-a^8x^{11}y^{13}z^8)$

Effectuer les divisions :

NOTA. — *Ces divisions doivent être effectuées comme elles sont indiquées, c'est-à-dire sans ordination nouvelle.*

1277. $(x^2y^2z^2 - x^3y^3z^3) : x^2y^2z^2$

1277 bis. $(x^2y^3z^3 - 4x^3y^5z^4 - 3x^2y^3z^3 + 4y^2z^4) : (-y^2z^2)$

1278. $(9x^6 - 36y^6) : (3x^3 - 6y^3)$

1279. $(256x^{14} - 2187y^{14}) : (2x^2 - 3y^2)$

1280. $(a^4 + 2a^2b^2 + 2b^4) : (a^2 + ab + b^2)$

1281. $(x^7 - 15x^6 + x^5 - x^2 + 3x - 1) : (x^5 - 1)$

1282. $(x^3 - 2ax^2 + 2abx + 3ab^2 - b^3) : (x + a - b)$

1283. $(6x^3 - 7x^2 + 3x - 1) : (3x^3 + 4x - 1)$

1284. $(21 - 7x^4 + 3x^7 + x^{10}) : (3 - x^8)$

1285. $(a + b) : (a^2 - 1)$

1286. $(a + b) : (a + 1)$

1287. $(x^4 - y^4) : (x + y)$

1288. $(1 + b^4) : (1 + b^8)$

1289. *Trouver la condition qui exprime que* $ax^2 + bx + c$ *est divisible par* $x + p$.

1290. *Pour quelle valeur de* x *le polynôme* $a^3 + b^3 + c^3 - abcx$ *est-il divisible par* $a + b + c$?

1291. *Que doit être* x *pour que le polynôme* $x^3 + a^3 - 3abx + b^3$ *soit divisible par* $x + a + b$?

Calculer les 6 premiers termes du quotient de chacune des divisions suivantes :

1292. $(x^9 - 1) : (x - 2)$

1293. $(x^8 - x^7 + x^5 - x^4 + x - 1) : (x - 3)$

1294. $(a^m - 1) : (a^n - 1)$

1295. $(a - b) : (a - 1)$

1296. $1 : (a + 1)$

1297. $1 : (1 - a)$

Simplifier les fractions suivantes :

1298. $\left(\dfrac{\frac{5}{6}a^3b^2}{0,3a^5b}\right)^3$

1299. $\dfrac{1 - x^3}{(x + 1)^2 - x}$

1300. $\dfrac{a^6 - b^6}{a^8 - b^8}$

1301. $\dfrac{a^2 - 2a - 3}{a^3 + 2a^2 + 2a + 1}$

1302. $\dfrac{x^2 - 9x + 20}{x^2 - 11x + 30}$

1303. $\dfrac{x^2 + 3x + 1}{x^3 + 4x + 3}$

Réduire au même dénominateur :

1304. $\dfrac{a}{b^2c}$, $\dfrac{b}{a^2c}$, $\dfrac{d}{abc^2}$

1305. $\dfrac{1}{(a-b)^2}$, $\dfrac{1}{a^2-b^2}$, $\dfrac{1}{(a^2-b^2)^3}$

1306. $\dfrac{a^3+b^3}{a^2-ab+b^2}$, $\dfrac{a^2-b^3}{a^2+ab+b^2}$, $\dfrac{1}{a^3b^3}$

1307. 1, $\dfrac{1}{2}$, $\dfrac{1}{a-b}$ **1308.** $\dfrac{2}{x}$, $\dfrac{a^3-b^3}{a-b}$, $\dfrac{1}{x^2(a^2-b^2)}$

1309. $\dfrac{x-1}{x+1}$, $\dfrac{x+1}{x^2+1}$, $\dfrac{x-1}{x^2-1}$

Effectuer et réduire :

1310. $\dfrac{4-2a+a^2}{2+a}-2-a$ **1316.** $\dfrac{x^m}{y^n}\times\dfrac{y^m}{x^3}\times\dfrac{x^{n+1}}{y^{m+1}}$

1311. $\dfrac{x}{x^2-1}+\dfrac{x}{x^2+1}-\dfrac{2x^3}{x^4-1}$ **1317.** $\left(\dfrac{m^2}{n^2}+1\right)\left(\dfrac{mn^2}{m^2+n^2}\right)$

1312. $x+\dfrac{1}{x+\dfrac{1}{x}}$ **1318.** $\left(\dfrac{a^2-1}{a^4-1}\right)^2:\left(\dfrac{a^4-1}{a^2-1}\right)^4$

1313. $\dfrac{\dfrac{1}{a}-\dfrac{1}{b}}{\dfrac{1}{a}+\dfrac{1}{b}}+\dfrac{2a+2b}{a-b}$ **1319.** $\dfrac{-27a^3b^5}{c^4}:\dfrac{81c^5b^3}{-a^4}$

1320. $\left(\dfrac{m^3}{n^3}-1\right):\left(\dfrac{n^3}{m^3}-1\right)$

1314. $\dfrac{x^2-y^2}{a^2-b^2}\times\dfrac{a^3-b^3}{x^3-y^3}$

1321. $\dfrac{1}{\dfrac{1}{a}-\dfrac{1}{b}}:\left(\dfrac{1}{a}+\dfrac{1}{b}\right)$

1315. $\left(x-\dfrac{2}{x}\right)\left(2+\dfrac{1}{x}\right)$

1322. *Les relations* $\mathrm{x}=\dfrac{2b^2-a^2+c^2}{3a}$ *et* $\mathrm{y}=\dfrac{2a^2-b^2+c^2}{3b}$ *entraînent*

la proportion $\dfrac{a}{b+y}=\dfrac{b}{a+x}$.

1323. *La proportion* $\dfrac{a}{b}=\dfrac{c}{d}$ *entraîne la suivante :*

$$\sqrt[4]{\dfrac{a^4-c^4}{b^4-d^4}}=\sqrt[10]{\dfrac{a^{10}-c^{10}}{b^{10}-d^{10}}}$$

1324. *Démontrer que l'on a*

$$\dfrac{\dfrac{a}{b+c}-\dfrac{a}{b+2c}}{\dfrac{a}{b+2c}-\dfrac{a}{b+3c}}=\dfrac{\dfrac{a}{b+c}}{\dfrac{a}{b+3c}}$$

1325. *Démontrer que la proportion*

$$\frac{m(a+b)+n(c+d)}{mb+nd}=\frac{p(a+b)-q(c+d)}{pb-qd}$$

entraîne la suivante $\dfrac{a}{b}=\dfrac{c}{d}$.

1326. *Etablir la proportion* $\dfrac{\sqrt[3]{2a^3+3c^3}}{\sqrt[3]{2b^3+3d^3}}=\dfrac{\sqrt{5a^2+6c^2}}{\sqrt{5b^2+6d^2}}$ *sachant que*

l'on a $\dfrac{a}{b}=\dfrac{c}{d}$.

II. Equations du premier degré.

1327. $7x=21+9x-29$

1328. $62+5(x-7)=9x-1$

1329. $8(x-5)=7(5-x)$

1330. $x-10=1-\left(\dfrac{x}{2}+\dfrac{x}{3}\right)$

1331. $\left(\dfrac{x}{3}-\dfrac{x}{4}\right)+\dfrac{1}{12}-\dfrac{x}{8}=0$

1332. $2x-6=\dfrac{x}{5}+\dfrac{x}{3}+x+1$

1333. $\dfrac{2x}{3}=\dfrac{7x}{12}+5$

1334. $\dfrac{x-9}{3}=\dfrac{x}{4}+\dfrac{x}{5}-\dfrac{2}{5}$

1335. $\dfrac{3x}{7}+\dfrac{5x}{3}+x=5(8-x)+19-1$

1336. $\dfrac{x-2-a}{2}+6x=\dfrac{3x-2-a}{2}$

1337. $\dfrac{\dfrac{x}{4}+\dfrac{x}{2}+2}{x}-\dfrac{1}{8}=\dfrac{5}{8}+\dfrac{10}{x}$

1338. $\dfrac{x+1}{b}-\dfrac{c}{a}=\dfrac{x-1}{b}+\dfrac{2}{b}-\dfrac{mc}{a}$

1339. $\dfrac{\dfrac{1+x}{1-x}-\dfrac{1-x}{1+x}}{\dfrac{2x}{1-x}}=\dfrac{1}{4+\dfrac{2-x}{3}}$

1340. $\dfrac{a^2-ax}{b}-\dfrac{b^2+bx}{a}=x$

1341. $a^2(x-a)+b^2(x-b)=abx$

1342. $\dfrac{x}{a}-\dfrac{bx}{a}=ab$

1343. $\dfrac{x-4}{x-5}=\left(\dfrac{2x-4}{2x-5}\right)^2$

1344. $\dfrac{x-4}{x-8-a}=\dfrac{x+a}{x+2a+4}$

1345. $\dfrac{9}{x-c}=\dfrac{7}{x-7}+\dfrac{2}{x-2}$

1346. $\dfrac{x-3}{a}-\dfrac{x-a}{3}=\dfrac{a}{3}$

Equations indéterminées à résoudre en nombres entiers positifs :

1347. $2x+y=6$

1348. $x-2y=10$

1349. $4x+3y=10$

1350. $11x-10y=20$

1351. $\dfrac{5x}{2}-\dfrac{3y}{4}=1$

1352. $\dfrac{3x}{4}+\dfrac{9y}{10}=30$

1353. $x+y+z=100$
$3x+2y=z$

1354. $x-2y-z=1$
$2x-y+z=20$

Equations à plusieurs inconnues à résoudre :

1355. $3x-1=4y+1$
$6x-18y-1=6-(x-y)$

1356. $y+x-32=\dfrac{2-x}{9}$
$12(x-10)=11y+10$

1357. $14x=8y+17$
$6(x-1)=5(y-1)$

1358. $\dfrac{3x}{95}+y=\dfrac{13}{5}$
$4x-7y=70$

1359. $5x-y=\dfrac{3y}{2}+20$
$10x+y=\dfrac{4y+512}{5}$

1360. $\dfrac{1}{x}-\dfrac{1}{y}=\dfrac{2}{xy}$
$3x-2y+2=0$

1361. $x-a=y-b$
$b(x-a)+a(y-b)=0$

1362. $\dfrac{x}{b}+\dfrac{y}{a}-2=0$
$\dfrac{x}{b}=\dfrac{y}{a}$

1363. $b(y+c)=x(a+c)$
$x+y-ab=0$

1364. $a(x-a)+b(y-b)=0$
$b(x+y)+a(x-y)=a^2+b^2$

1365. $3x+5y-126245=0$
$4x-5y=0$

1366. $\dfrac{10x-4}{4x-3y}=1$
$\dfrac{3}{y-1}=\dfrac{2}{3x+5}$

1367. $\dfrac{b}{x}=\dfrac{1}{y-a}$
$\dfrac{y}{c+x}=\dfrac{1}{a}$

1368. $x+y=0$
$3x-5y=0$

1369. $\dfrac{x}{2}-\dfrac{5y}{3}=10-2x$
$7x/12=y-5$

1370. $x-y=504$
$\sqrt{x}+\sqrt{y}=36$

1371. $\dfrac{x}{3}+y+\dfrac{2z}{3}-\dfrac{11}{3}=0$
$x+\dfrac{2y}{3}+\dfrac{z}{3}-\dfrac{11}{3}=0$
$\dfrac{2x}{3}+\dfrac{y}{3}+z-\dfrac{14}{3}=0$

1372. $\dfrac{x}{3}+\dfrac{y}{3}+z=4$
$\dfrac{7x}{9}-\dfrac{11y}{2}+z=4,5$
$\dfrac{x}{5}-y+\dfrac{z}{5}=1,20$

1373. $\dfrac{x}{2}-\dfrac{y}{3}+\dfrac{z}{3}=\dfrac{17}{3}$
$x+\dfrac{3y}{5}-\dfrac{2z}{5}=2$
$x+\dfrac{4y}{7}-\dfrac{5z}{7}=\dfrac{3}{7}$

1374. $\dfrac{x}{6}+\dfrac{y}{3}+\dfrac{z}{2}=1$
$\dfrac{x}{4}+\dfrac{y}{2}+\dfrac{z}{4}=1$
$1,5x+y+4z=50,5$

1375. $x+y+z=0$
$x-2y-z=0$
$3x-y+2z=0$

1376.
$$2x+3y-4z=14$$
$$4x-6y+7z=37$$
$$8x+9y+10z=214$$

1377.
$$x+y=a+b+c$$
$$x+z=a+b-c$$
$$y+z=a-b+c$$

1378.
$$\frac{7x}{3}=y+10$$
$$x=33-y-z$$
$$\frac{9y}{5}=z+6,8$$

1379.
$$x+y+z=1$$
$$x-y+z=-1$$
$$x-y-z=1$$

1380.
$$\frac{1}{x}+\frac{2}{y}+\frac{3}{z}+\frac{4}{u}=\frac{48}{12}$$
$$\frac{1}{y}+\frac{2}{z}+\frac{3}{u}+\frac{4}{x}=\frac{71}{12}$$
$$\frac{1}{z}+\frac{2}{u}+\frac{3}{x}+\frac{4}{y}=\frac{70}{12}$$
$$\frac{1}{u}+\frac{2}{x}+\frac{3}{y}+\frac{4}{z}=\frac{61}{12}$$

1381.
$$2x-y+3z=4$$
$$5x+y-z=12$$
$$12x+y+z=26$$

III. — Problèmes du premier degré.

1382. *L'âge d'un père est de 45 ans et celui de son fils est de 15 ans. Dans combien de temps le premier âge sera-t-il 4 fois le second?*

1383. *La somme de deux nombres est 36 et la différence de leurs carrés est 504. Trouver ces nombres.*

1384. *La différence des carrés de deux nombres consécutifs est 203. Trouver ces deux nombres.*

1385. *Quelle est la fraction qui devient ⅓ ou ¼, selon qu'on ajoute l'unité au numérateur ou au dénominateur?*

1386. *Étant donné un parallélipipède rectangle dont les arêtes sont a, 3a, 6a, calculer l'arête d'un cube tel que les surfaces des deux solides soient entre elles comme leurs volumes.*

1387. *Il est midi. Dans combien de temps les deux aiguilles d'une pendule seront-elles à angle droit?*

1388. *Le nombre 29 s'écrit 32 dans un système inconnu dont on demande la base.*

1389. *Deux courriers passent par le même relai, à 2 heures d'intervalle; la vitesse du premier est de 6 km à l'heure, et celle du second, 8 km. De plus, ils vont dans le même sens. Dans combien de temps se rencontreront-ils?*

1390. *Trois joueurs vont au jeu : le premier et le second perdent ensemble 10 fr. ; le premier et le troisième dépensent 9 fr. et les deux derniers, 11 fr. Combien chacun a-t-il perdu?*

1391. *Quand j'avais votre âge, nous avions ensemble 10 ans, et quand vous aurez mon âge, nous aurons 50 ans à nous deux. Trouver les deux âges.*

1392. *Un nombre entier a trois chiffres dont la somme est égale à trois fois le chiffre des dizaines. Trouver ce nombre, sachant qu'il diminue de 198 si on le renverse, et que le chiffre des unités est deux fois moindre que celui des centaines.*

1393. *Lorsqu'on écrit un certain nombre de deux chiffres dans le système décimal, la somme de ses deux chiffres est 7. En supposant un nombre formé des mêmes chiffres, mais écrit dans le système seximal, ce nombre vaudrait 16 unités de moins que le premier. Quel est ce nombre?*

1394. *Le nombre 23 est écrit dans deux systèmes de numération dont les bases diffèrent de deux unités. Trouver ces bases si la somme de ces deux nombres est 34.*

1395. *Partager le nombre 100 en 4 parties qui soient directement proportionnelles aux nombres a, 4a, 6a, 9a.*

1396. *Partager le nombre a^2 en parties inversement proportionnelles aux nombres $a, \dfrac{a}{4}, \dfrac{a}{6}, \dfrac{a}{9}$.*

1397. *Après avoir doublé un nombre et lui avoir soustrait 2, on le double de nouveau ; puis on lui retranche 2 et on le double une troisième fois et l'on trouve 68 pour résultat. Deviner quel est ce nombre.*

1398. *Une certaine somme placée à intérêts simples à 5 % produit 10 fois plus, moins 140 fr., que si elle était placée à 4 %. Quelle est cette somme?*

1399. *Etant donnés n points non en ligne droite, on joint chacun d'eux à tous les autres. Sachant qu'on a ainsi 45 droites distinctes, trouver n.*

1400. *Il est midi ; dans combien de temps les trois aiguilles d'une montre seront-elles ensemble au même point du cadran?*

1401. *On mélange trois sortes de vin, à 0 fr.30, à 0 fr. 60, à 0 fr. 70 le litre, de manière que le mélange revienne à 0 fr.50 le litre. Comment faut-il faire ce mélange?*

1402. *On a payé une somme de 51 fr. avec des pièces de 2 fr. et de 5 fr. Combien a-t-on donné de chaque espèce de pièces?*

1403. *Deux sources, coulant, l'une pendant 3 jours, et l'autre pendant 5, ont rempli un bassin de 1200 mètres cubes ; les mêmes sources, coulant respectivement pendant 2 et 4 jours, ont rempli un autre bassin de 840 mètres cubes. Quelle est la quantité d'eau que chaque source donne par jour?*

1404. *Trois personnes de société ont acheté un bien de 50.000 francs. La première personne paierait seule ce bien si elle avait en plus la moitié de l'argent qu'a la seconde ; la seconde le paierait à son tour si elle avait le tiers de l'argent de la première ; enfin la troisième aurait besoin du quart de l'argent de la première. Quel est l'avoir de chaque personne?*

1405. *Trois ouvriers sont occupés à un ouvrage. Le premier et le deuxième pourraient le faire en 8 jours ; le premier et le troisième le feraient en 9 jours, et le deuxième et le troisième en 10 jours. Combien faut-il de jours à chacun pour faire cet ouvrage?*

1406. *Une personne change des pièces de 5 fr. contre des pièces de 2 fr. Quelle somme a-t-elle, si, après l'échange, elle a 252 pièces de plus?*

1407. *Un homme charitable rencontrant un certain nombre de pauvres, veut donner 5 fr. à chacun, mais après avoir compté son argent, il lui* manque 5 fr. ; il donne alors 4 fr. à chaque pauvre, et il lui reste 5 fr. Combien y avait-il de pauvres, et quelle somme possédait l'homme charitable?

1408. Un général veut disposer en carré à centre vide les 1404 hommes dont il dispose. Il doit y avoir trois rangs sur chaque côté. Combien mettra-t-il de soldats sur chaque ligne?

1409. Un homme en mourant laisse a fr. à son fils aîné et b fr. au cadet. Le premier augmente annuellement son avoir de c fr. et le second diminue le sien de d fr. Dans combien de temps l'aîné aura-t-il m fois plus que son frère?

1410. Résoudre l'inégalité $5x-10>20-x$

1411. Résoudre le système
$$7x-15>20-3x$$
$$14x-21<23+10x$$

1412. Entre quelles limites peut varier un côté d'un triangle dont les deux autres côtés ont 12 m. et 20 m.?

IV. — Exercices sur les Radicaux.

Trouver les racines carrées des expressions suivantes :

1413. $(a+b-c)^{10}$

1414. $\sqrt[7]{(a+b)^{14}}$

1415. $\sqrt[3]{a^4b^8c^{10}}$

1416. $225a^6b^8\sqrt[3]{a^4}$

Simplifier les radicaux :

1417. $\sqrt[6]{a^4b^2c^6d^8}$

1418. $\sqrt{8a^4b^3-16a^4b^4}$

1419. $\sqrt[6]{16a^2(a-)b^4d^9}$

1420. $-\sqrt[3]{-\dfrac{a^6}{b^9}}$

Réduire au même indice :

1421. $a,\ b^2,\ \sqrt{c}$

1422. $1,\ \sqrt[3]{d},\ a^3$

1423. $a^4,\ \sqrt[5]{b^2}$

1424. $\sqrt[3]{a^4},\ \sqrt[4]{a^3}$

Effectuer les opérations indiquées et réduire :

1425. $\sqrt[3]{-8}+\sqrt[3]{-64}-\sqrt[3]{-216}$

1426. $\sqrt{16a-32}+5\sqrt{49a-98}$

1427. $\sqrt{a}.\sqrt[4]{\dfrac{1}{a^2}}.\sqrt[6]{a^3}$

1428. $5\sqrt[8]{81}:\sqrt[4]{9}$

1429. $\sqrt{\sqrt{2\sqrt{\sqrt{2\sqrt[3]{\sqrt[3]{2}}}}}}$

1430. $\sqrt{a^3\sqrt[3]{b^2}} + \sqrt[3]{b^3\sqrt{a^2}} : \sqrt[3]{ab}$

1431. $\left(\sqrt{a+b}-\sqrt{a-b}\right)^2$

1432. $\left(\sqrt{ab}+b\sqrt{\dfrac{a}{b}}\right)\left(a\sqrt{\dfrac{b}{a}}-\sqrt{ab}\right)$

1433. $\left(\sqrt{a+\sqrt{b}}+\sqrt{a-\sqrt{b}}\right)\left(\sqrt{a+\sqrt{b}}-\sqrt{a-\sqrt{b}}\right)$

1434. $\dfrac{5}{a}\sqrt[3]{-a^2}\cdot\dfrac{a}{10}\sqrt[5]{a^3b^2}\cdot\sqrt{2}\cdot\sqrt{a^6}$

Simplifier et réduire :

1435. $\sqrt{-4a^4b^2c}$

1436. $\sqrt{-4a^2}+\sqrt{-9b^4}-\sqrt{-35c^6}$

Effectuer :

1437. $\sqrt{-2}\cdot\sqrt{-3}\cdot\sqrt{-4}$

1438. $\left(\sqrt{-2}+\sqrt{-3}\right)^2$

1439. $\left(2+\sqrt{-1}\right)\left(2-4\sqrt{-1}\right)$

Décomposer en facteurs :

1440. a^2+b

1441. $\dfrac{1}{a^2}+\dfrac{1}{b^2}$

1442. a^4+b^4

1443. x^4+1

V. Exercices sur le second degré.

Equations à résoudre :

1444. $\dfrac{x^2-4}{5}-4+\dfrac{x^2-1}{4}=17$

1445. $x(15+x)-15(15+x)-400=0$

1446. $\dfrac{x+3}{x-3}-1=\dfrac{x+3}{12}$

1447. $\dfrac{x}{9}+\dfrac{9}{x}-\dfrac{x}{16}-\dfrac{16}{x}=0$

1448. $x^2-1=x-0{,}25$

1449. $(3-2x)^2-8x=0$

1450. $\dfrac{x}{x+2}-1+\dfrac{x+2}{4x}=0$

1451. $\dfrac{x}{x+2}+\dfrac{1}{x+4}=\dfrac{1}{a}$

1452. $\dfrac{(x-1)8x}{x+1}=(15-7x)(x-1)$

1453. $\dfrac{x-\frac{1}{2}}{x-1}-\dfrac{x-3/2}{x-2}+\dfrac{1}{12}=0$

1454. $b^2x^2-2b^3x+b^4=1$

1455. $4x=(1-a^2+x)^2$

1456. $\dfrac{x}{4}+\dfrac{4}{x}=\dfrac{x}{a}$

1457. $a^2(x^2-2x+1)=(x^2+2x+1)$

1458. $(x-4)(x-1)=\dfrac{4}{3}(x-2)(x+3)-28$

1459. $x^2+(x-a)^2=b$

A l'inspection des équations suivantes, dire la nature des racines et donner le réalisant :

1460. $5x^2-4x+0,8=0$ **1462.** $x^2-2x+2=0$

1461. $x^2+3x-40=0$ **1463.** $x^2-4x+4=0$

Sans résoudre les équations suivantes, trouver la somme des racines, leur différence et leur produit :

1464. $x^2-49x+360=0$ **1466.** $4x^2-4x+5=0$

1465. $x^2-2x-80=0$ **1467.** $144x^2-24x+1=0$

Former l'équation du second degré dont les racines sont :

1468. 1, 99   **1471.** 4, 4.

1469. 4, -20 **1472.** $\frac{1}{2}$, $-\frac{1}{2}$

1470. 10, -10.   **1473.** $10+\sqrt{-10}$, $10-\sqrt{-10}$

Trouver l'équation aux inverses des racines des deux équations suivantes :

1474. $x^2-25x+100=0$ **1475.** $16x^2-8x+1=0$

1476. *Trouver l'équation du second degré dont les racines surpassent de 1 celles de l'équation* $x^2-6x+8=0$

Etant donnée l'équation $x^2+px+q=0$, *trouver à quelle relation p et q doivent satisfaire pour que l'on ait :*

1477. $x'=4x''$ **1480.** $x'^2+x''^2=K$

1478. $\dfrac{x'}{x''}=\dfrac{m}{n}$ **1481.** $x'^2-x''^2=K$

1479. $4x'-8x''=4$ **1482.** $x'=x''$

Etant donnée l'équation $x^2+px+q=0$, *trouver en fonction de p et de q les expressions suivantes :*

1483. $x'^2\div x''^2$

1484. $x'^3+x''^3$ **1485.** $\dfrac{1}{x'}+\dfrac{1}{x''}$

1486. $1/x'^2+1/x''^2$

Etant donnée l'équation $x^2+px+120=0$, *déterminer p de manière que l'on ait :*

1487. $x'=40$ **1490.** $x'^2+x''^2=2500$

1488. $x'-x''=10$ **1491.** $x'^2-x''^2=700$

1489. $x'=3x''/4$ **1492.** $1/x'^2-1/x''^2=1/576$

Résoudre les inégalités suivantes :

1493. $x^2-17x+70>0$

1494. $x^2+3x-70<0$

1495. $x^2-4x-5<0$

1496. $x^2-4x>0$

1497. $x^2-21x+20<0$

1498. $-x^2+20x-75>0$

1499. $x^2-16x+65>0$

1500. $-x^2+110x-300>0$

Décomposer en carrés les trinômes suivants :

1501. $x^3-70x+1200$

1502. $x^2+14x+33$

1503. $x^2-34x+289$

1504. $x^2-22x+122$

Résoudre les équations bicarrées suivantes :

1505. $x^4-185x^2+7744=0$

1506. $4x^4-5x^2+1=0$

1507. $36x^4-13x^2+1=0$

1508. $x^4-9x^2=0$

Résoudre les systèmes suivants :

1509. $xy^2=18$
$\quad x+y^2=11$

1510. $\dfrac{y+3}{2}=x$
$\quad \dfrac{4x^2-3x}{5}=y^2+1$

1511. $\sqrt{x}+\sqrt{y}=5$
$\quad x+y=13$

1512. $\dfrac{x}{a}=\dfrac{y}{b}=\dfrac{z}{c}$
$\quad x^2+y^2+z^2=d$

1513. $\dfrac{1}{x}+\dfrac{1}{y}=\dfrac{1}{4}$
$\quad \dfrac{1}{x^2}+\dfrac{1}{y^2}=\dfrac{10}{256}$

1514. $x-y=5$
$\quad x^3-y^3=875$

VI. Problèmes sur le second degré et les progressions.

1515. *Les deux racines d'une équation du second degré ont pour différence* a^2b^2 *et pour produit* $\left(\dfrac{a^4-b^4}{2}\right)^2$ *; calculer ces deux racines.*

1516. *Dans l'équation* $x^2-3xy+y^2+2x-9y+1=0$, *quelle valeur faut-il donner à* y *pour que cette équation, résolue par rapport à* x, *ait ses racines égales?*

1517. *Quelle valeur faut-il donner à* n *pour que le trinôme* $x^2-2nx+11$ *soit supérieur à 10?*

1518. *Combien faut-il prendre de termes dans la progression*
$$\div 4.7.10.13\ldots,$$
pour que la somme des termes soit 60500?

1519. *Un triangle rectangle tourne autour d'un des côtés de l'angle droit, dont la longueur est de 40 m. ; le volume engendré est de* 5026 m^3 547. *Trouver les deux côtés inconnus.*

1520. *La diagonale d'un rectangle est de 25 m. Si l'on allonge le plus petit côté de 2 m., et si on raccourcit le plus grand côté de 2 m., la diagonale ne change pas. Calculer les côtés.*

1521. *Trouver deux nombres entiers dont la différence des carrés soit 15.*

1522. *Un cône en liège a 0 m. 6 de rayon à la base et 0 m. 8 de hauteur. Il s'enfonce dans l'eau par son sommet. De quelle quantité comptée sur la hauteur doit-il s'enfoncer? On suppose que la densité du liège est 0,24.*

1523. *Résoudre les équations :*
$$x+y = a$$
$$xy(x^2+y^2) = b$$

1524. *Déterminer 3 nombres en progression géométrique connaissant leur somme et leur produit.*

1525. *Trouver 5 nombres en progression arithmétique, connaissant leur somme et leur produit.*

1526. *Dans l'équation* $x^2+px+q=0$, *quelle valeur faut-il donner aux quantités* p *et* q *pour que les racines soient précisément* p *et* q ?

1527. *Quelle est pour* $x=1$, *la vraie valeur de la fraction*
$$\frac{x^2-1}{x^3+2x^2-3x}$$

1528. *Résoudre le système* $\sqrt[3]{x}-\sqrt[3]{y}=1$, $x-y=217$.

1529. *On demande quelle est la somme des termes de la progression géométrique*
$$1-\frac{1}{a}+\frac{1}{a^2}-\frac{1}{a^3}+\frac{1}{a^4}-\frac{1}{a^5}+\dots$$

sachant que le nombre de ses termes est infini et que a *est supérieur à 1.*

Résoudre les équations suivantes :

1530. $\log (7x-9)^2+\log(3x-4)^2=2$

1531. $\log\sqrt{5x+8}+\frac{1}{2}\log(2x+3)=\log 15.$

1532. $\log\sqrt{7x+5}+\log\sqrt{2x+3}=1+\log 4,5$

1533. *Il est midi : trouver par la théorie des progressions géométriques, dans combien de temps les deux aiguilles d'une montre seront de nouveau l'une sur l'autre.*

1534. *Trouver, à l'aide de la même théorie, la limite de la fraction périodique mixte* 3,1245245245.....

1535. *Quel est le capital qui, placé pendant 5 ans à intérêts composés à 5 %, a produit 104 fr. 23 de plus que s'il avait été placé à 4 % pendant 4 ans?*

EXERCICES COMPLÉMENTAIRES

PREMIÈRE PARTIE

CALCUL ALGÉBRIQUE

CHAPITRE PREMIER

EXERCICES PRÉLIMINAIRE

Faire voir la différence qu'il y a entre les expressions suivantes :

1536. ma et a^m

1537. $2(a+b)$ et $(a+b)^2$

Lire les expressions suivantes :

1538. $\sqrt[3]{-a^5}$, $\sqrt{a^6}$

1539. ma^n, $a^m b^p$

1540. $\dfrac{a}{b}$, $\dfrac{3a^m}{4b^n}$

Définir les expressions suivantes :

1541. $5a$

1543. a^3

1542. $\dfrac{3a}{8}$

1544. $3a^4$

Trouver par rapport à x le degré de chacune des expressions suivantes :

1545. $a^m x^n - b^n x^{2n} + x^{2n+2}$

1546. $11x^7 - 9x^4 + x^9 - 1$

1547. $y^2 - 4x^4 y + 4y^3$

Effectuer la réduction des termes semblables :

1548. $\dfrac{a}{2} + 3a - \dfrac{a}{4} + b - \dfrac{a}{8} + \dfrac{3b}{2} - \dfrac{b}{2}$

1549. $4a^2 - 8a^5 b^5 + 7a^2 b^2 - 11a^2 - 15a^2 b^2 + 7 - a^2 - 4 + a^2 b^2$

1550. $5a^4 b^3 c + 9a^3 b^3 c - 11a^4 b^3 c + 7a^3 b^2 c + 18a^4 b^3 c - a^3 b^2 c$

1551. $9a^2 - b^2 + c^2 - 4b^2 + \dfrac{5c^2}{6} + \dfrac{4a^2}{7} - \dfrac{8b^2}{9} - \dfrac{3c^2}{4}$

1552. $x\sqrt{2} - \dfrac{2xy^3}{3} + x\sqrt{3} + \dfrac{4xy^3}{3} + 11 - 3x\sqrt{2} - \dfrac{9xy^3}{5} + 20$

Trouver les valeurs numériques des polynômes suivants :

1^0 *pour* a $=$ 10, b $=$ 2, c $=$ 1 ;
2^0 *pour* a $=$ 5, b $=$ 1, c $=$ 2.

1553. $\dfrac{a^2+b^3}{c^4}$

1554. $\dfrac{a^5-b}{c^2}$

1555. $(a+b+c)^2-(a+b)^2$

1556. $2a-bc+c+3$

1557. $3a^2-4b+5a^3+1$

1558. $\dfrac{3a^2}{4}-\dfrac{5b^3}{6}+\dfrac{c^2}{4}-\dfrac{ab-ac+bc}{3}$

Calculer les expressions suivantes, pour $x=3$, $a=2$.

1559. $4(x-1)^2-8a+(x-1)^3-1$

1560. $a^3x^3-3a^2x^2+3ax-1$

1561. $(x^2+a^2)(x^2-a^2)-4$

1562. $(a+x)x+(x-a)a-ax$

Sachant que l'on a :

a $=$ 2   b$=$3   H $=$ 10   S $=$ 3   R $=$ 2 $\pi=3,14$.

calculer dans les formules suivantes :

1563. $x=\sqrt{abRS}$

1564. $x=\sqrt{a^2+b^2-R^2}$

1565. $x=\sqrt[3]{bS^2}$

1566. $x=64a^2$

1567. $x=2b^2(1+\sqrt{2}$

1568. $x=\dfrac{R}{2}\left(\sqrt{5-1}\right)$

1569. $x=\dfrac{a+b}{2}\times H$

1570. $x=\pi ab$

1571. $x=\pi(R^2-a^2)$

1572. $x=2\pi R$

1573. $x=\pi R^2$

1574. $x=\dfrac{1}{3}\pi R^2 H$

1575. $x=\dfrac{4\pi R^3}{3}$

1576. $x=\dfrac{1}{3}\pi H(R^2+a^2+Ra)$

CHAPITRE II

EXERCICES SUR L'ADDITION ET LA SOUSTRACTION

Additionner les monômes suivants et réduire :

1577. $4x$, $-3y$, $2z$, $-\dfrac{2x}{3}$, $\dfrac{y}{3}$, $3y$, $-4z$, 2.

1578. $\dfrac{x}{2}$, $-\dfrac{x}{3}$, $\dfrac{x}{4}$, $-\dfrac{x}{5}$

1579. $\dfrac{3x^2}{4}$, $-\dfrac{2x^3}{3}$, $-\dfrac{4x^2}{5}$, $\dfrac{x^3}{2}$.

Additionner les polynômes suivants :

1580. $4x^4-3x^3+2x^2-x+1$, $\dfrac{x^4}{4}+\dfrac{x^3}{3}+\dfrac{x^2}{2}+\dfrac{x}{2}+1$.

1581. $5a^3-7a^2b^2+9ab^3-b^4+1$, $7a^2b^2-4a^3b+2b^4-8ab^3+6$.

1582. $\dfrac{4a}{5}-\dfrac{3b}{4}+\dfrac{2c}{3}-4a^2-12$, $\dfrac{7b}{8}-\dfrac{6a}{7}+\dfrac{3a^2}{2}-\dfrac{4c}{3}+\dfrac{25}{2}$.

1583. $(a^2+2ax+x^2)+(a^2-2ax+x^2)-2(a^2+x^2)$
$(a^2-4ax+4x^2)-(a^2+4ax+4x^2)+12ax$

Si l'on a :

$$A=a+b+c \qquad C=a+b-c$$
$$B=a-b+c \qquad D=b+c-a$$

former les expressions suivantes :

1584. $A+C+D$

1585. $A+B+C+D$

Additionner les polynômes suivants :

1586. $x^2-2xy+y^2-2yz+z^2$
$x^2+2xy-z^2-y^2-2yz$
$z^2-2xz-2yz+2xy$

1587. $-4x^3+3x^2-7x+1$
$3-4x^2+7x^3+6x$
$4x^3+6x-4+4x^2$

1588. $x^3-3a^2x^2+3a^4x$
$3a^2x^2+x^3+3a^4x$
$-2x^3+4a^2x^2-6a^4x$

1589. $b+b^2-15-2a$
$3a^2+4b-b^2+ab$
$1-5ab+4a^2+2a$

1590. ax^3+bx^2+cx+d
bx^3+cx^2+dx+a
cx^3+dx^2+ax+b
dx^3+ax^2+bx+c

1591. $4x^3-6x^2+3x-2$
$6x^3-3x^2+2x-4$
$3x^3-2x^2+4x-6$
$2x^3-4x^2+6x-3$

1592. $-9x^3+8x^2-7x+6$
$8x^3+6x-7x^2+10$
$-10x-9+6x^2-7x^3$
$-7x^2-5x^3+11x-7$

Effectuer les opérations suivantes et réduire :

1593. $a-[b-(c-d)]-[a-(b-c)]+[a-(d-a-b-c)]$

1594. $(5a^3+3a^2-2a-4)-(3a^3-2a^2+3a+3-4a^2+5a+7)$

1595. $a+[(b-a)-(b-c)]-[(a-c)-(c-a)]-(a-b-c)$

1596. $(5y^2-3xy+2x^2)-(5y^2-6xy)-9x^2$

1597. $55x-[32a-(8b+3a-6x)-(3x+5ab-4b)]$

1598. $\left(\dfrac{a^4x}{2}-\dfrac{3a^3x^2}{4}+\dfrac{5a^2x^3}{8}\right)-\left(\dfrac{5a^3x^2}{8}-\dfrac{2a^2x^3}{4}-\dfrac{2a^4x}{2}\right)$

1599. $(x^4-x^3+x^2-x+1)-(x^5+x^4+x^2+1)-(x^3+x-x^5)$

1600. $\left(\dfrac{-x^4}{3}+\dfrac{x^3}{2}-x^2+2\right)-\left(\dfrac{-x^4}{6}+\dfrac{x^3}{4}-\dfrac{x^2}{3}+1\right)$

Si l'on pose :

$$A = a + b + c \qquad C = a + b - c$$
$$B = a - b + c \qquad D = b + c - a$$

calculer les expressions suivantes :

1601. $A - B + C - D$

1602. $A + B + C + D$

1603. $B - C - D - A$

1604. $A - B - C + D$

1605. $A - (B + C + D)$

1606. $(A + B) - (C + D)$

Sachant que l'on a

$$A = a^3 - 2a^2b + ab^2 - 2b^3 \qquad C = 4a^2b + ab^2 - 4b^3$$
$$B = 2a^3 + 3ab + 2b^2 \qquad D = 3a^3 - 4a^2b - 3ab^2 - 4b^3$$

calculer les expressions suivantes :

1607. $A - B$

1608. $A - D$

1609. $C - D$

1610. $A - B + C$

1611. $A - C + D$

1612. $B - C + D$

1613. $C - B - A$

1614. $(A + B) - (C + D)$

1615. $(A - B) - (C - D)$

1616. $A + B + C + D$

1617. $A - B + C - D$

1618. $A - (B + C + D)$

1619. *Dans une promenade, une personne a fait a+40 pas en allant, et 2a—1300 en revenant. Dans une seconde promenade, elle a fait en tout 3a—3260 pas de moins que la première fois. Combien cette personne a-t-elle fait de pas dans ce dernier voyage?*

1620. *Il y a 10 ans, l'âge d'un homme était a ; quel âge aura-t-il dans 5 ans, dans 10 ans? Quel âge a-t-il actuellement et combien avait-il y a 15 ans?*

1621. *Un nombre est égal à 2a—b+2 ; quel est le nombre qui le surpasse de a+b—2, et quel est celui qui lui est inférieur de 2a+b—4?*

1622. *Un ouvrier gagne un certain jour une somme a et dépense b ; le lendemain, il gagne 2 a—b et dépense b—4. Combien possède-t-il a la fin de chacun de ces deux jours?*

1623. *L'âge d'un enfant est a, celui de son frère en est le double moins 5 ans, et celui de leur père est la somme des âges de ces deux enfants plus 15 ans. Quels sont les âges de ces trois personnes, et quelle est la somme de leurs âges?*

1624. *On a partagé une somme entre trois personnes. La première a reçu a +b—c—d ; la seconde a reçu a—c de moins que la première et la troisième, b+d de plus que la seconde. Quelles sont les trois parts et la somme partagée?*

1625. *Deux joueurs A et B conviennent que le perdant doublera l'argent du gagnant. A perd la première partie et la troisième, et B la seconde. Après cela, quel est l'avoir de chaque joueur, sachant qu'avant de jouer, ils avaient respectivement a et b francs?*

CHAPITRE III

EXERCICES SUR LA MULTIPLICATION DES MONOMES

Effectuer les produits indiqués :

1626. $\left(-\dfrac{1}{3}\right)\left(\dfrac{1}{4}\right)\left(-\dfrac{2}{7}\right)\times 12\times 14$

1627. $96\left(-\dfrac{1}{4}\right)^2\left(5-\dfrac{25}{2}\right)$

1628. $2(-3)^3(-4)^2\times\dfrac{5}{36}$

1629. $32a^5b^4c^2d\times 4a^3bc^4f$

1630. $-44a^4b^3c^5d^2f\times\dfrac{1}{4}a^5b^2c^2f^3h$

1631. $4a^4b^3c^2(-8a^3b^2c^2x^3y^2\times 4a^2bc^4x^2y^2)$

1632. $(-18x^2y)(-6y^3)x^3y^2$

1633. $x^4(-x^3)(-8x^2)(-2x)(-4)$

1634. $x^2\times 2yz(-y^2)(-z^2)(-2xy)$

1635. $\left(-\dfrac{2x^2}{3}\right)\left(-\dfrac{3x^4}{4}\right)\left(\dfrac{6x^5}{8}\right)$

1636. $15x^4\left(\dfrac{3x^2}{5}\right)\left(-\dfrac{8x}{3}\right)$

1637. $a^3\times b^3\times c^3\times a^2b^2c^2\times abc$

1638. $-(a+b)^2\times(a+b)\times(a+b)^3$

1639. $-(a-1)\times(a-1)^2\times(a-1)$

1640. $3(a-b)^2\times 5[-(a-b)^2]$

1641. $\dfrac{x}{2}\times\dfrac{x^2}{3}\times\dfrac{x^3}{4}\times\dfrac{x^4}{5}\times 60x^5$

1642. $(-3a^4b^2c)^3$

1643. $(-3a^2b^5c^4d^3f)^5$

1644. $\left(\dfrac{2}{5}a^3b^2c\right)^4$

1645. $(-2a^3)^{10}$

1646. $(-3a^2)^3\times(-2a^2)^3$

1647. $(-2a^2b^3c^4)^2\times(-2a^2b^3c^4)^4$

1648. $\left(-\dfrac{2}{3}a^4b^4c^2\right)^3\times(-2a^2b^3c^4)^3$

1649. $(-a)(-a^2)(-a^3)(-a^4)(-a^5)$

1650. $2^3 \times (2a)^3 \times \left(-\dfrac{a^2}{2}\right)^2$

1651. $(-ab)^2(-ab)^4(-ab)^6$

1652. $\left(-\dfrac{1}{3}\right)^4 \times \left(\dfrac{3}{4}a^2\right)^3 \times \left(-\dfrac{5}{2}a^7\right)^2 \times 24$

1653. $(+a^2)^m$ **1655.** $(-a^m)(-a^n)(-a^p)$

1654. $(-a^m)^2$ **1656.** $(-a^m b^n c^p)^3$

             1657. $(a^2 b^3 c^4 d^p)^m$

PROBLÈMES A RÉSOUDRE

1658. *Un homme donne* a *fr. à l'aîné de ses fils ; au second, il donne dix fois plus ; au troisième, il donne deux fois plus qu'aux deux premiers réunis ; enfin, le quatrième reçoit autant que le premier et trois fois autant que le troisième. Combien chacun a-t-il reçu, et quelle est la somme partagée?*

1659. *Un nombre* x *surpasse un nombre* b *de trois fois ce dernier nombre et de* b—11. *Trouver le nombre inconnu* x.

1660. *Les trois arêtes d'un parallélipipède rectangle étant* a, b, c, *trouver la surface et le volume de ce polyèdre.*

1661. *Dans un jeu de 56 cartes, on tire une première fois* a *cartes ; une seconde fois, on tire* n *fois ce qu'on a tiré la première fois et* a—n *de plus. Enfin, la troisième fois on tire autant de cartes qu'en en avait déjà tiré. Trouver le nombre des cartes de chaque tirage, et ce qui reste en dernier lieu.*

CHAPITRE IV

EXERCICES SUR LA MULTIPLICATION DES POLYNOMES

Effectuer les opérations indiquées :

1662. $(x^m - x^{2m}y + y^n)x^m y^n$

1663. $(15ab^3 - 3a^2b^2 - 6a^3b) \times \dfrac{2}{3}\, a^3 b^3 c^4$

1664. $-7a^5 x^3 y^3 z \left(\dfrac{ax^2 yz}{21} - \dfrac{a^3 xy^3 z^3}{56}\right)$

1665. $a^3 b^3 c^3 [-(a+b+c)-(ab+ac+bc)-abc]$

Décomposer en facteurs les expressions suivantes :

1666. $(5ax^3)^5 - (5ax^3)^4$

1667. $18x^5y^4z^3 - 30x^4y^3z^5$

1668. $84a^5b^4 - 108a^4b^5 - 420a^6b^3$

1669. $(2x^3)^2 - (4x^2)^3 + (8x)^6$

Effectuer les opérations indiquées :

1670. $\left(x - \dfrac{1}{2}\right)\left(x - \dfrac{2}{3}\right)$

1671. $(3x^2y^3 - 5a^3b^2x^2y)(a^2x - a^2xy)$

1672. $(a^2b^2c^2 - abc - 1)(a^2b^2c^2 + abc + 1)$

1673. $x(x-1) - (x-1)(x-2)$

1674. $x(x-1)(x+1) - (x-1)^2x$

1675. $2x^2(x^2-5)(x^2+5) - 2x^6$

1676. $(a+b+c)(a+b-c)(a-b+c)$

1677. $\left(-6x^2y - \dfrac{xy^2}{2} + 5y^3\right)\left(\dfrac{2xy}{3} - \dfrac{y^2}{6}\right)$

Effectuer, après ordination des polynômes :

1678. $(a^3 + 3ab^2 - 3a^2b - b^3)(a^2 + b^2 - 2ab)$

1679. $(a^4 + b^4 + 2a^2b^2(1 - a^2 + b^2)$

1680. $(4ax^3 + 3a^2x^4 - 1)(3x^2 - 1) - x^3)$

1681. $(4a^4x^4 + 3a^3x^3 - 2a^2x^2)(2a^2x^2 - 3a^3x^3)$

1682. $(b^2 - 4a^2b + 4a^4)(4a^4 + b^4 + 4a^2b^2)$

1683. $(x^4 - x - x^3 + x^2 + 1)(1 + x^4 - x^2)$

1684. $(6x^2 - 4x^3 - 4x)(1 + x^2 + 2x)$

1685. $(1 - 2a^2 - 6a^6 + 4a^4 + 8a^8)(5a^5 + a - 3a^3 - 7a^7)$

Développer et réduire :

1686. $(a - b + c)^2$

1687. $(2a - 3b + 4c)^2$

1688. $(a - b + c - d)^2$

1689. $(2a^2 - 3b^2 + 4c^4)^2$

1690. $(ma - nb - pc)^2$

1691. $(x+1)^2 - (x-1)^2$

1692. $\left(\dfrac{x+y}{2}\right)^2 - \left(\dfrac{x-y}{2}\right)^2$

1693. $\left(\dfrac{1}{2a} + \dfrac{1}{2b} - 1\right)^2$

1694. $\left(\dfrac{3a}{4} - \dfrac{5a^2}{3}\right)^2$

1695. $(x^6 - x^3 + 1)^2$

1696. $(4a^2x^3y^4 - 2ax^2y^3)^2$

1697. $(a^2 + b^2)a^2(a^2 - b^2)b^2$

1698. $(a - b)^2(a + b)^2$

1699. $\left(1 + \dfrac{1}{x^2}\right)^3$

1700. $(a+1)^3 - a^3$

1701. $(x^2 - y^2)^3$

1702. $(11x^2 - 1)^3$

1703. $(a+b)^3 - (a-b)^3$

1704. $(x-1)^3 - (x+1)^3$

1705. $(a+b)^3 - 2(a+b)(a-b)^2$

1706. $(a+b-c)^3 - (a^3 + b^3 - c^3)$

Décomposer en facteurs les expressions suivantes:

1707. $16a^4 - 9a^6$

1708. $(a-1)^2 - (a-2)^2$

1710. $1 + \dfrac{a^2 + b^2 - c^2}{2ab}$

1709. $a^2 + a + \dfrac{1}{4}$

1711. $(a^2 + b^2)^2 - 4a^2b^2$

1712. $(a + b + c)^2 - (a - b - c)^2$

1713. $4a^4 + 2a^2 + \dfrac{1}{4}$

Trouver deux nombres entiers consécutifs dont la différence des carrés soit l'un des nombres suivants :

1714.   21   7   63

1715.   999   99   3

Trouver les deux nombres entiers consécutifs dont la différence des cubes soit l'un des nombres suivants :

1716.   91

1717.   271

1718.   631

1719.   1141

Etant donnés les binômes suivants, ajouter un terme tel que le trinôme résultant soit un carré :

1720. $a^2 + b^2$

1721. $b^2 - 2ab$

1722. $4a^2 + 8a$

1723. $16a^2 - 8a$

1724. $1 - 2a$

1725. $x^3 - 10xy$

1726. $a^2x^4y^2 + 8axyz$

1727. $x^2 + z^2$

1728. $1 + 4x^2$

1729. $4a^2 + 4b^2$

1730. $25x^2 + 100$

1731. $\dfrac{x^2}{4} + 1$

1732. $9x^2 + \dfrac{1}{4}$

1733. $\dfrac{a^2}{4} + \dfrac{b^2}{25}$

CHAPITRE V

EXERCICES SUR LES TROIS PREMIERS CAS DE LA DIVISION

Effectuer les opérations indiquées :

1734. $(-a^{10}) : (-a^{10})$

1735. $a^{1+p} : a^p$

1736. $a^{2m+4} : a^{m-4}$

1737. $(5^4 . 3^5) : (5^2 . 3^3)$

1738. $7^{4m+2} : 7^{4m}$

1739. $a^{m+n} : a^{m-n}$

1740. $x^7 : x^9$

1741. $a^{2m} : a^{3m}$

1742. $b^{m+2n} : b^{m+3n}$

Effectuer les opérations suivantes en faisant disparaître les exposants nuls ou négatifs :

1743. $a^{-2} : a^3$

1744. $3^{-3} : 3^{-4}$

1745. $4(a^0 + b^0) : (c^0 + 1)$

1746. $(2^0 a^m) : \dfrac{3^0}{a + 2b}$

1747. $(a^0 + b^0 - 6c^0 + 4d^0)(a^2 + b^2)$

1748. $a^2 . a^0 . a^{-3} . a^4$

1749. $(a^m : a^{-m}) a^{2m}$

1750. $(a^2 : a^{-5}) : (a^3 . a^{-5})$

1751. $(1 + a)^0 : (1 + a)^{-1}$

1752. $3^{-5} . 4^{-2} . 3^6 . 4^2$

1753. $12 (3^0 - 2)(4^0 - 2)$

1754. $\dfrac{3^0}{4^{-3}} : \dfrac{3^{-1}}{4^3}$

1755. $(a^{-2} b^5 : a^2 b^{-5}) \dfrac{1}{a^{-2} b^{-3}}$

1756. $(a^{-2} : a^{-3}) : (a^{-4} . a^3)$

Effectuer les opérations indiquées :

1757. $\dfrac{3}{4} a^m b^n c^p : \dfrac{4}{3} a^{m'} b^{n'} c^{p'}$

1758. $a^{2m} b^{3n} c^{4p} : a^m b^{2n} c^{3p}$

1759. $a^5 x^{m+1} y^{n+1} : a^3 x^{m-1} y^{n-1}$

1760. $[(a-1)^4 (x+1)^3 (y-1)^4] : [(a-1)^5 (x+1)^2 (y-1)^4]$

1761. $(-35a^2 . 24a^3 b^4 c) : (-7a^2 b^4 . 48a^5 b^2 c)$

Simplifier les quotients des divisions suivantes :

1762. $9a^5 b^2 c^3 : (-18a^4 c^4)$

1763. $(-5a^3 b^2) : (-10a^4 b^3)$

1764. $(-a^4 x^5 y^6 z^3) : a^3 x^5 y^6 z^4$

1765. $a^m x^n : (-a^{3m} x^{2n})$

1766. $15a^5 : 25a^4$

1767. $(-250a^4 b) : 100a^5$

1768. $(-7^4 . 3^2 . 4^6) : (7^3 . 3^3 . 4^7)$

1769. $441a^5 b^2 : (-21^2 a^4 b^3)$

1770. $(2^a . 3^b . 5^c) : (2^{2a} . 3^b . 5^{c-1})$

1771. $[(a+b)^4 (a-b)^3] : [(a+b)^5 (a-b)^4]$

Effectuer les divisions indiquées, simplifier le quotient lorsque la division est impossible.

1772. $(a^m - a^{m+1} + a^{m+3} - a^{2m-4}) : (-a^m)$

1773. $(25a^{2m} b^{2n} + 100a^{3m} b^{3n} - 50a^{4m} b^{3n} - 125a^{3m} b^{4n}) : 25a^{2m} b^{2n}$

1774. $(15a^8 b^4 c^2 - 45a^7 b^2 c^4) : 30a^7 b^3 c^4$

1775. $(2a^3 b - 6a^5 b^3 + 10a^5 b^4) : (-4a^4 b^4 c^3)$

1776. $(ab + ac - bc) : abc$

1777. $(abc - abd - acd + bcd) : abcd$

1778. $(a^2 c^4 - b^2 c^4) : a^2 b^3 c^4$

1779. $4x^3 (3x^2 y - 5xy^2) : 8x^2 y^2$

1780. $(a^3 - a^2 + a - 1) : a^2$

1781. $(a^3b^4-a^4b^3):(-a^4b^4)$

1782. $(6a^2-12a^3+24a^5):48a^4$

1783. $(a^5b^5-a^4b^4+a^3b^3):(-4a^4b^4)$

1784. $(2^2.3^4-4^3.3^4):(-2^2.3^4.4^3)$

1785. $5.4^2(3.4^3.a-4a^2):(8.4^2.a^2)$

1786. $(x^{m+n}-x^{n+p}):x^{m+n+p}$

1787. $(x^{2m+1}+x^{2n-4}):x^{2m-n}$

CHAPITRE VI

EXERCICES SUR LA DIVISION DES POLYNOMES

Effectuer les divisions suivantes :

1788. $(256x^7-2187y^7):(2x-3y)$

1789. $\left(\dfrac{16x^4}{81}-1\right):\left(\dfrac{2x}{3}-1\right)$

1790. $(a^4+b^4+a^2b^2):(a^2+b^2-ab)$

1791. $(x^3+y^3+z^3-3xyz):(x+y+z)$

1792. $(x^4-1+2xy-x^2y^2):(x^2+1-xy)$

1793. $(4abx+b^2x-x-8ab-2b^2+2):(x-2)$

1794. $(8a^2x^2+2abx-6ax-b^2-3b):(2ax+b)$

1795. $(27a^9b-63a^8b^2-3a^5b^4+7a^4b^5):(3a^5b-7a^4b^2)$

1796. $(10y^2+1-5y-10y^3+5y^4-y^5):(y^2-2y+1)$

1797. $(10a^6bc+20a^3b^5c-4a^3b-8b^5):(5a^3bc-2b)$

1798. $(x^3-ax^2-abx-ab^2-b^3):(x-a-b)$

1799. $(x^6-x^5+x^4+x^3-2x^2+2x-2):(x^3-x^2+x-1)$

Effectuer les divisions suivantes et donner le reste de chaque opération :

1800. $(a+b):(a-b)$

1801. $(x^2+a^2):(x+a)$

1802. $(x^3+1):(x^2-1)$

1803. $(a^4+b^4):(a+b)$

1804. $(x^4+y^4):(x-y)$

1805. $(x^{10}+a^{10}):(x^2+a^2)$

1806. $(x^5-x^4+x^3):(x^2-1)$

1807. $(x^5-x^4+x^3-x^2+x-1):(x^3-x^2+x-1)$

Calculer les quatre premiers termes du quotient de chacune des divisions suivantes et donner le reste correspondant :

1808. $x^4 : (x^2-1)$

1809. $(a^5+1) : (a-1)$

1810. $(a^{15}+b^{15}) : (a^3-b^3)$

1811. $1 : (x+a)$

1812. $(a^9-a^7-a^5-a^3-a^2-2) : (a-2)$

1813. $(x^2-1) : (x^5+1)$

1814. $(x^m-a^m) : (x^n-a^n)$

1815. $(x^m-1) : (x+1)$

1816. $(a^m-b^n) : (a-b)$

1817. $(x^{6m+3}+a^{6m+3}) : (x^3+a^3)$

Sans effectuer, trouver le reste de chacune des divisions suivantes :

1818. $(a-b) : (a+b)$

1819. $(a^2+1) : (a-2)$

1820. $(a^3+b^3) : (a-b)$

1821. $(x^3-1) : (x+1)$

1822. $(x^4-y^4-x^2+y^2) : (x^2+y^2)$

1823. $(x^2+xy-x-y) : (x-y)$

1824. $(16a^4-1) : (2a+2)$

1825. $(a^2+2ax+x^2-1) : (a+x+1)$

CHAPITRE VII

EXERCICES SUR LES FRACTIONS ET SUR LES PROPORTIONS

Simplifier les fractions suivantes :

1826. $\dfrac{\dfrac{1}{5}ab \cdot \dfrac{1}{3}a^2b^2}{\dfrac{1}{15}a^3b^3}$

1827. $\dfrac{48a^3b^3 : 4a^3b^2}{2ab^2}$

1828. $\dfrac{(4a^2x^3)^3}{(2ax^2)^4}$

1829. $\dfrac{(12a^3b^2c)^3(6a^5b)^2}{(36a^3b^2c)^2}$

1830. $\dfrac{a^3-b^3}{a^2-ab}$

1831. $\dfrac{a^4-b^4}{a^8-b^8}$

1832. $\dfrac{a+b}{a^3+b^3}$

1833. $\dfrac{16a^4-81}{4a^2+9}$

1834. $\dfrac{a^2-1}{a^4-1}$

1835. $\dfrac{a^2+b^2-c^2+2ab}{a^2-b^2+c^2+2ac}$

1836. $\dfrac{a^2+2a+1}{a^2-a-2}$

1837. $\dfrac{x^3+y^3}{(x-y)^2+xy}$

1838. $\dfrac{(4a^2-1)^2+1}{(4a^2-1)^4-1}$

1839. $\dfrac{4b^2+c^2-4bc}{c^2-4b^2}$

1840. $\dfrac{3a^3b^4+9a^3b^2x^2}{4a^2b^5+12a^2b^3x^2}$

1841. $\dfrac{1-x^2}{(1+ax)^2-(a+x)^2}$

1842. $\dfrac{4-2x}{4-x^2}$

1843. $\dfrac{x^2-3x+2}{x^2-5x+6}$

Réduire au même dénominateur les fractions suivantes :

1844. $\dfrac{a}{b}, \quad \dfrac{-a}{b}$

1845. $1, \quad \dfrac{b}{a}, \quad \dfrac{b^2}{a^2}, \quad \dfrac{b^3}{a^3}$

1846. $\dfrac{a}{a^4-b^4}, \quad \dfrac{1}{a^2+b^2}, \quad \dfrac{1}{a^2-b^2}$

1847. $\dfrac{1}{5x^2}, \quad \dfrac{-4x}{5}, \quad \dfrac{-11}{2x^3}, \quad \dfrac{-7}{4}$

1848. $\dfrac{1}{a^2}, \quad a^2, \quad \dfrac{-2}{a^3}, \quad \dfrac{-a^3}{2}$

1849. $\dfrac{1}{a}, \quad \dfrac{1}{b}, \quad \dfrac{1}{c}, \quad \dfrac{1}{ab}, \quad \dfrac{1}{ac}, \quad \dfrac{1}{bc}, \quad \dfrac{1}{abc}$

1850. $\dfrac{a}{bx}, \quad \dfrac{c}{ay}, \quad \dfrac{d}{cz}, \quad \dfrac{acd}{xyz}$

Réduire les expressions suivantes en une seule expression fraction-naire et simplifier :

1851. $ax(a+x)-\dfrac{a^4x+ax^4}{a^2+2ax+x^2}$

1852. $\dfrac{x+2}{y-x}-\dfrac{y-2}{y+x}$

1853. $\dfrac{(x-y)^2}{x^3}-\dfrac{(x-y)^2}{y^2}$

1854. $\dfrac{a-c}{b}-\dfrac{a-b}{c}$

1855. $\dfrac{cx-c}{x-1}-\dfrac{cx+c}{x+1}$

1856. $x^6-x^4+\dfrac{x^4+1}{x^2+1}$

1857. $1-2n+\dfrac{n^2+2n^3+1}{n^2+2n+1}$

1858. $\dfrac{a}{b}-a+b+ab$

1859. $ab^2+b^3+\dfrac{2b^4}{a-b}$

1860. $\dfrac{3}{5a}+\dfrac{4}{6a}$

1861. $\dfrac{1}{a}+\dfrac{1}{a^2}-\dfrac{1}{a^3}$

1862. $\dfrac{x}{a}=\dfrac{y}{b}-\dfrac{c}{z}$

1863. $\dfrac{x}{a}-\dfrac{y}{b}+\dfrac{xy}{2ab}$

1864. $\dfrac{a}{a+b}+\dfrac{b}{a-b}+\dfrac{ab}{a^2-b^2}$

1865. $\dfrac{12a}{a^6-1}+\dfrac{8a}{a^3-1}+\dfrac{4a}{a^3+1}$

1866. $\dfrac{a^2-b^2}{a^2}+\dfrac{2b^2}{a^2-b^2}$

1867. $a^4+a^3+a^2+a+1-\dfrac{a+1}{a-1}$

1868. $1-\left(\dfrac{a-x}{a+x}\right)^2$

1869. $1-\dfrac{b^2-a^2}{c^2}$

1870. $\dfrac{a+1}{2a-2}-\dfrac{a-1}{2a+2}$

1871. $\dfrac{a^2+ab+b^2}{a+b}-\dfrac{a^2-ab+b^2}{a-b}$

1872. $\dfrac{a}{a-b}-\dfrac{a}{a+b}+\dfrac{a}{a^2-b^2}$

1873. $\dfrac{a-b}{c+d}+1-\dfrac{a+b}{c-d}$

1874. $\dfrac{ab+c}{d-1}-\dfrac{ab-c}{d}$

1875. $\dfrac{6xy^2-6x^3-2y^3}{x^2y}-\dfrac{-4xy^3-2x^2y^2-y^4}{x^2y^2}$

Effectuer les opérations indiquées et réduire :

1876. $\dfrac{a^2}{b^2}\left(ab^2-\dfrac{b^2}{a^2}\right)$

1877. $\dfrac{x-y}{a+b}\times\dfrac{a^3+b^3}{x^3-y^3}$

1878. $\dfrac{a^2-5a}{a+5}\times\dfrac{a^2-25}{a}$

1879. $\dfrac{(a+b)^3}{5}\times\dfrac{c^6}{(a+b)^4}$

1880. $\left(x^2-a+\dfrac{2a^2}{x^2+a}\right)(x^2+a)$

1881. $\left(a+\dfrac{1}{a}\right)\left(a-\dfrac{1}{a}\right)$

1882. $\left(a+b-\dfrac{1}{a+b}\right)\left(a-b+\dfrac{1}{a-b}\right)$

1883. $\left(\dfrac{a}{b}-\dfrac{b}{a}\right)\left(\dfrac{b^2}{a^2}-\dfrac{a^2}{b^2}\right)$

1884. $\left(\dfrac{1+a}{1-a}-\dfrac{1-a}{1+a}\right)(1-a)$

1885. $\dfrac{8x-2y}{x+y}\times\dfrac{16x^2+32xy+16y^2}{64x^2-4y^2}$

1886. $\left(\dfrac{x+1}{x-1}\right)^4\left(\dfrac{x^2-1}{x^2+1}\right)^3\left(\dfrac{x^4-1}{x+1}\right)^2$

1887. $\left(\dfrac{x}{a}\right)^3\left(\dfrac{a}{x}\right)^4$

1888. $\left(\dfrac{a-1}{a^2-1}\right)^3$

Effectuer les opérations indiquées et réduire :

1889. $2\dfrac{4-x^4}{3xy} : (x^2+2)$

1890. $4x^2y^3 : \dfrac{2ax^3}{y^2-ay}$

1891. $\left(\dfrac{m}{n}-\dfrac{p}{q}\right):\left(\dfrac{m}{n}+\dfrac{p}{q}\right)$

1892. $\dfrac{5-3x}{4+2x}:\left(\dfrac{5}{3}-x\right)$

1893. $\dfrac{a^3+b^3}{(a+b)^3}:\dfrac{(a^3+b^3)^2}{(a+b)^4}$

1894. $\dfrac{ab+b^2}{b^3}:\dfrac{a+b}{a}$

1895. $\left(a^2+2a+1-\dfrac{1}{a^2}\right):\left(a+1+\dfrac{1}{a}\right)$

Calculer le terme inconnu de chacune des proportions suivantes :

1896. $\dfrac{63}{9}=\dfrac{126}{x}$

1897. $\dfrac{64}{x}=\dfrac{x}{81}$

1898. $\dfrac{x}{121}=\dfrac{625}{x}$

1899. $\dfrac{x}{27}=\dfrac{3}{9}$

1900. $\dfrac{12}{x}=\dfrac{44}{22}$

1901. $\dfrac{x+a}{x+b}=\dfrac{3x+1}{3x-1}$

Ramener à la forme simple $\dfrac{a}{b}=\dfrac{c}{d}$, chacune des proportions suivantes :

1902. $\dfrac{a+b}{a-b}=\dfrac{c+d}{c-d}$

1903. $\dfrac{a+c}{a-c}=\dfrac{b+d}{b-d}$

1904. $\dfrac{a+c}{b+d}=\dfrac{a}{b}$

1905. $\dfrac{a+b}{c+d}=\dfrac{a}{c}$

1906. $\dfrac{a+2c}{b+2d}=\dfrac{3a-4c}{3b-4d}$

1907. $\dfrac{4a+7c}{4b+7d}=\dfrac{9c-6a}{9d-6b}$

DEUXIÈME PARTIE

RÉSOLUTION DES ÉQUATIONS DU PREMIER DEGRÉ

CHAPITRE PREMIER

ÉQUATIONS A UNE INCONNUE A RÉSOUDRE

Résoudre les équations littérales suivantes :

1908. $3(x-a)-(x+a)=0$

1909. $\dfrac{x-b}{a-b}+\dfrac{x-c}{a-c}=2$

1910. $\dfrac{a+b}{x-a}=\dfrac{a}{x-a}+b$

1911. $\dfrac{x-a}{b^2}+\dfrac{x-b}{a^2}=\dfrac{x}{ab}$

1912. $\dfrac{x+a}{a-b}+\dfrac{x-a}{a+b}=\dfrac{x+b}{a+b}+\dfrac{2(x-b)}{a-b}$

1913. $x+\dfrac{x}{a}+\dfrac{x}{a^2}+\dfrac{1}{a}=a^2+a+1+\dfrac{x}{a^3}$

1914. $\dfrac{a(y-1)}{2}+\dfrac{b(y-1)}{3}+y=1$

1915. $a(z-b)-b(a-z)+z(a+b)=0$

1916. $a^2\left(1-\dfrac{a}{x}\right)+b^2\left(1-\dfrac{b}{x}\right)=ab$

1917. $\dfrac{z}{a}-\dfrac{z}{b}-a+b=0$

1918. $\dfrac{a}{x}+\dfrac{b}{x}=c$

1919. $\dfrac{x}{a}+\dfrac{a}{b}=\dfrac{b}{a}-\dfrac{x}{b}$

1920. $a\left(\dfrac{a-x}{b}\right)=\dfrac{b(b+x)+ax}{a}$

1921. $\dfrac{m(y-m)}{n} + \dfrac{n(y-n)}{m} = y$

1922. $\dfrac{m}{n}\left(\dfrac{z-m}{z}\right) + \dfrac{n}{m}\left(\dfrac{z-n}{z}\right) = 1$

1923. $\dfrac{\dfrac{1}{n}}{x+\dfrac{1}{n}} - \dfrac{1}{n} = \dfrac{1}{n}$

1924. $b + \dfrac{m+n}{x} = a + \dfrac{m-n}{x}$

1925. $\dfrac{x-a}{a-b} - \dfrac{x-a}{a+b} = \dfrac{2ax}{a^2-b^2}$

CHAPITRE II

PROBLÈMES A UNE INCONNUE

1926. *Si l'on payait ce qui m'est dû, je payerais ce que je dois, et il me resterait les 2/9 de ce qui m'est dû. Combien dois-je et combien m'est-il dû, sachant que ma dette et ma créance valent ensemble 2.000 fr.?*

1927. *En revendant un certain nombre de pièces de rubans à 2 fr. 50 le mètre, on fait un bénéfice de 90 fr. ; en les revendant 2 fr.80, on gagne 345 fr. Trouver le nombre des mètres vendus.*

1928. *Chaque année, un marchand augmente sa fortune de 3/5 ; il prélève alors 1200 fr. pour sa dépense. A la fin de la seconde année après avoir prélevé 1200 fr. pour sa dépense et 1380 fr. pour les pauvres, sa fortune se trouve doublée. Combien avait-il d'abord?*

1929. *On a une somme de 8.680 fr. en pièces de 10 fr. et de 5 fr. Le nombre des pièces de 10 fr. est à celui des pièces de 5 fr. comme 35 et 54. Combien y a-t-il de pièces de chaque espèce?.*

1930. *On a acheté les 44/50 d'une pièce de drap, à 12 fr. le mètre ; en les revendant 14 fr., on gagne 176 fr. On demande le nombre de mètres achetés, la longueur de la pièce et la somme déboursée.*

1931. *Un vase plein d'eau pure pèse 14 kg. ; si l'on enlève les 3/4 de l'eau, il ne pèse plus que 5 kg. Trouver le poids du vase et la quantité d'eau qu'il contient.*

1932. *Deux marchands achètent 30 moutons. L'un ne peut donner que le quart de l'argent nécessaire pour les payer, et l'autre ne peut en donner que le cinquième. Quel est le prix d'un mouton, sachant qu'en réunissant leur argent, il leur manque 495 fr.?*

1933. *On veut partager 730 fr. entre 4 personnes. La première doit avoir le ¼ de plus que la seconde ; la deuxième doit avoir le ¼ de plus que la troisième, et celle-ci le ⅓ de plus que la quatrième. On demande quelles sont les quatre parts.*

1934. *Trouver deux nombres dont le rapport soit ½, et tels que si on les augmente tous deux de 40, leur rapport devienne 5/8.*

1935. *Un marchand vend à une première personne la moitié de ses oranges plus une demi-orange ; à une deuxième personne, il vend la moitié du reste plus une demi-orange ; à une troisième, il vend la moitié du reste avec une demi-orange. Après cela, il lui reste 2 oranges. Combien cet homme avait-il d'oranges et combien en a-t-il vendu à chaque personne?*

1936. *Un avare, pressé de faire l'aumône, répondit : Si l'on double mon argent, je donnerai 6 fr., et chaque fois que l'on doublera, j'ajouterai 1 fr. à l'aumône précédente. La proposition est acceptée ; mais, à la quatrième aumône, il lui manque 5 fr. Combien cet avare avait-il?*

1937. *Un homme possède un certain nombre de pièces d'or. Lorsqu'il met ces pièces en piles de 19, il lui reste 12 pièces. Lorsqu'il les met en piles de 27 pièces, il a une pièce de reste et 15 piles de moins que dans le premier cas. Combien cet homme a-t-il de pièces d'or?*

1938. *Dans un jeu de tir, un joueur a 20 coups à tirer. On lui donne 0 fr. 50 à chaque coup heureux ; mais il doit donner lui-même 0 fr. 75 par coup manqué. Après avoir tiré ses 20 coups, le joueur se retire sans avoir rien perdu ni gagné. Quel a été le nombre des coups heureux?*

1939. *Un fermier loue un berger, pour un an, moyennant 140 fr. et 4 brebis. Au bout de 4 mois, ce berger est renvoyé, et on lui donne 3 brebis et 5 fr. Quel est le prix d'une brebis?*

1940. *Un ouvrage pourrait être fait en 2 heures par un homme, en 3 heures par une femme et en 6 heures par un enfant. En combien de temps sera-t-il achevé si ces trois personnes travaillent ensemble?*

1941. *Deux ouvriers mettent 12 heures pour faire un ouvrage ; le premier seul en mettrait 20. Quel temps mettrait le second en travaillant seul?*

1942. *Un robinet remplirait un bassin en 10 heures, un autre robinet le viderait en 15 heures. Le bassin étant vide, dans combien de temps sera-t-il rempli, si les deux robinets sont ouverts ensemble?*

1943. *Un homme, en mourant, laisse une même somme à chacun de ses enfants. L'aîné doit avoir 40,000 francs et le sixième du reste ; le second doit avoir 80.000 fr. et le sixième du reste, le troisième 120.000 fr. et ainsi de suite. Trouver la somme partagée, le nombre des enfants et la part de chacun.*

1944. *Dans quelle proportion faut-il mélanger du vin à 0 fr. 80 avec du vin à 0 fr. 50 le litre pour obtenir du vin à 0 fr. 60 le litre?*

1945. *Un marchand a du vin à 0 fr. 60 le litre. Combien doit-il ajouter de litres d'eau pour que le mélange vaille 0 fr. 50 le litre?*

1946. *On a 9 kg d'argenterie au titre 0,950. Combien faut-il y ajouter de cuivre pour abaisser le premier titre à 0,900?*

1947. *Un lingot d'or du poids de 300 gr. est au titre de 0,900. Combien faut-il lui ajouter de grammes d'un second lingot d'or au titre 0,700 pour obtenir un lingot au titre de 0,850 ?*

1948. *Cent kg d'eau salée contiennent 8500 gr. de sel. Combien faut-il ajouter d'eau pure pour que 200 kg. du mélange ne contiennent que 5000 gr. de sel?*

1949. *Il est midi. A quelles heures auront lieu les rencontres successives des deux aiguilles d'une montre?*

1950. *Quelle heure est-il lorsque les deux aiguilles d'une pendule sont l'une sur l'autre entre 7 et 8 heures?*

1951. *Quelle heure est-il lorsque les deux aiguilles d'une montre sont le prolongement l'une de l'autre entre 4 et 5 heures?*

1952. *Deux billets, l'un de 8.000 fr. payable dans 4 mois, et l'autre de 1.800 fr. payable dans 20 mois, ont été escomptés en dehors pour une somme totale de 347 fr. Quel est le taux de l'escompte?*

1953. *Deux trains dont les vitesses respectives sont 48 et 52 km à l'heure, partent en même temps, le premier de Paris et l'autre de Lyon, et vont à la rencontre l'un de l'autre. Quel sera l'espace parcouru par chacun, et après quel temps aura lieu la rencontre, si l'on admet qu'il y a 500 km de Paris à Lyon?*

1954. *A 4 heures du matin, un train part de Lyon pour Marseille, avec une vitesse de 50 km à l'heure. A 5 heures, part de Lyon, et pour la même destination, un autre train dont la vitesse est de 60 km. On demande le temps que le deuxième train mettra pour atteindre le premier et l'espace parcouru pendant ce temps.*

1955. *Un renard a 60 sauts d'avance sur un chien qui est à sa poursuite. Pendant que le chien fait 4 sauts, le renard en fait 5 ; mais 3 sauts du chien en valent 5 du renard. Combien le chien fera-il-de sauts pour atteindre le renard?*

PROBLÈMES LITTÉRAUX

1956. *Quel est le nombre qui est égal à m fois sa racine carrée?*

1957. *De quelle quantité faut-il augmenter les deux termes de la fraction $\frac{a}{b}$ pour obtenir $\frac{3a}{2b}$?*

1958. *Un père a n fois l'âge de son fils, et la somme de leurs âges est a (n+1). Quels sont ces deux âges?*

1959. *L'âge d'un homme est a, et celui de son fils est b. Dans combien de temps l'âge du père sera-t-il m fois plus grand que celui du fils?*

1960. *Un objet a coûté a fr. ; combien faut-il le revendre pour gagner b% sur le prix de vente?*

1961. *Trouver une proportion dont les termes soient inférieurs d'une même quantité aux nombres a, 2a, 4a, 9a.*

1962. *Partager le nombre a en deux parties dont la différence des carrés soit 2 a— a².*

1963. *Quel nombre faut-il ajouter aux deux termes de la fraction* $\frac{1}{a}$ *pour qu'elle devienne* $\frac{a-1}{a+1}$ *?*

1964. *Pour voter, a personnes sont réunies. Trois candidats se présentent : le premier obtient m voix de plus que le second, et le second en obtient n de plus que le troisième. Combien chaque candidat a-t-il eu de voix, s'il n'y a eu que 3 abstentions?*

1965. *Un domestique gagne par an a fr. et une livrée. Après n mois, on le renvoie en lui donnant b fr. et la livrée. Quelle est la valeur de cette livrée. ?*

1966. *Un robinet remplirait un bassin en a heures ; un autre robinet le remplirait en b heures ; un troisième robinet le viderait en a+b heures. Le bassin étant vide et les trois robinets ouverts à la fois, dans combien de temps ce bassin sera-t-il plein?*

1967. *Deux courriers ont pour vitesses respectives v et v' ; sachant qu'ils suivent une même direction, et qu'en ce moment la distance qui les sépare est d, on demande dans combien de temps ils se rencontreront?*

1968. *Combien faut-il mélanger de vin à a fr. avec du vin à b fr., pour obtenir du vin à d fr. l'hectolitre?*

1969. *On a deux lingots d'argent aux titres respectifs t et t'. Combien faut-il prendre de chacun d'eux pour former un lingot de poids P et au titre T?*

PROBLÈMES DE GÉOMÉTRIE

1970. *Les angles d'un triangle sont en progression arithmétique dont la raison est 15°. Trouver les trois angles.*

1971. *Trouver les angles d'un pentagone, sachant qu'ils forment une progression arithmétique dont la raison est 10°.*

1972. *Dans une circonférence, un arc de 36° a 4 m. de longueur. Trouver le rayon de cette courbe.*

1973. *Partager une droite de 10 m. de longueur en parties proportionnelles à 3 et 7.*

1974. *Quels doivent être le nombre de degrés et la longueur d'un arc de cercle dont le rayon vaut 10 m., sachant que le secteur correspondant a 100 m² de surface?*

1975. *Inscrire dans un triangle donné un rectangle ayant d mètres de différence entre ses deux dimensions.*

1976. *La somme des angles d'un polygone est de 28 droits. Combien ce polygone a-t-il de côtés?*

1977. *Les côtés AB, BC, AC d'un triangle valent respectivement 36, 48 et 54 m. On prend sur AB une longueur AD=10 m., et par le point D on mène une parallèle DE au côté AC et une parallèle DH à BC. On propose de calculer : DH, DE, AH, CH, BE, CE.*

1978. *Quel doit être l'angle d'un polygone régulier dont la somme des angles est de 1440°?*

1979. *Les côtés d'un triangle étant 102, 150, et 210 m., calculer les segments déterminés sur chaque côté par les bissectrices intérieures et par les bissectrices extérieures.*

1980. *On donne les côtés a, b, c, et les hauteurs h, h', h'', d'un triangle ; calculer les côtés des carrés inscrits.*

1981. *Dans un trapèze, la hauteur est de 20 mètres, et la surface 200 m². On demande les deux bases sachant que la grande vaut trois fois la petite.*

1982. *Un triangle a pour côtés 20, 40, 50 m., calculer les segments déterminés sur chaque côté par les contacts des cercles inscrits et ex-inscrits.*

1983. *Dans le même triangle, calculer les rayons des cercles inscrits et ex-inscrits.*

1984. *Dans une couronne dont la surface est πa², calculer les deux rayons, sachant qu'ils diffèrent de 1 m.*

CHAPITRE III

SYSTÈMES D'ÉQUATIONS SIMULTANÉES

1985.
$$\frac{2x+3y}{3} - \frac{2x-3y}{2} = \frac{5}{3}$$
$$\frac{4x-3y}{4} - 2(3y-x) = \frac{3}{4}$$

1986.
$$4\left(\frac{(x+2)}{7}\right) + (y-x) - (2x-8)4 = \frac{38}{7}$$
$$\frac{2y-3x}{6} + y - \frac{3x+4}{2} = -2$$

1987.
$$\frac{1}{3(x+2y+2)} + \frac{1}{13(4x-5y+6)} = 0$$
$$\frac{1}{19(6x-5y+4)} - \frac{1}{3(3x+2y+1)} = 0$$

1988.
$$x-y=1$$
$$x^2-y^2=21$$

SYSTÈMES D'ÉQUATIONS LITTÉRALES

1989.
$$\frac{2x}{a} + \frac{y}{a} = 1$$
$$\frac{x}{b} = y$$

1990.
$$\frac{b}{a} = \frac{1}{y-m}$$
$$\frac{ay}{d} = 1 + \frac{x}{d}$$

1991.
$$ax + by = a^2 + b^2$$
$$bx = ay$$

1992.
$$\frac{x}{a} + \frac{y}{b} = 1$$
$$\frac{x}{b} + \frac{y}{a} = 1$$

1993.
$$ax + by = a$$
$$bx + ay = b$$

1994.
$$\frac{x}{a} + \frac{y}{b} = 2a^2 + 2b^2$$
$$\frac{x}{b} = \frac{y}{a}$$

1995.
$$x(a+c) - by = bc$$
$$x + y = a + b$$

1996.
$$\frac{x}{c} + \frac{y}{c} = 1$$
$$\frac{ax}{c} - \frac{by}{c} = a - b$$

1997.
$$\frac{x-a}{b} = \frac{b-y}{a}$$
$$\frac{x+y}{a} + \frac{x-y}{b} = \frac{b}{a} + \frac{a}{b}$$

1998.
$$\frac{1}{b^2 x} + \frac{1}{a^2 y} - \frac{1}{ab} = 0$$
$$\frac{1}{a^2 x} + \frac{1}{b^2 y} - \frac{1}{ab} = 0$$

1999.
$$\frac{x}{b} - \frac{y}{a+1} - \frac{1}{a+1} = 0$$
$$x - a = b - y$$

2000.
$$\frac{(a-b)x}{a+b} + y - 1 = 0$$
$$x - \left(\frac{a+b}{a-b}\right)y - 1 = 0$$

2001.
$$\frac{x+y}{b} + \frac{x-y}{a} = \frac{1}{ab}$$
$$\frac{x-y}{b} + \frac{x+y}{a} = 0$$

2002.
$$x + y = 16$$
$$x + z = 22$$
$$y + z = 28$$

2003.
$$x + y = 5$$
$$y + z = 8$$
$$z + u = 9$$
$$u + v = 11$$
$$x + v = 9$$

2004.
$$x + y + z = a$$
$$x + y + v = b$$
$$x + z + v = c$$
$$y + z + v = d$$

2005.
$$\frac{x+y-1}{x+y+1} = a$$
$$\frac{y-x+1}{x-y+1} = ab$$

2006.
$$x - y + 6 = 0$$
$$x - y + 12 = 0$$
$$x + y + z = 33$$

2007.
$$\frac{1}{x} + \frac{1}{y} = \frac{1}{12}$$
$$\frac{1}{y} + \frac{1}{z} = \frac{1}{20}$$
$$\frac{1}{x} + \frac{1}{z} = \frac{1}{15}$$

2008.
$$\frac{x}{a} = \frac{y}{b} = \frac{z}{c}$$
$$x + y + z = (a+b+c)^2$$

2009.
$$\frac{x}{5} = \frac{y}{6} = \frac{z}{7} = \frac{v}{8}$$
$$x + y + z + v = 23400$$

2010.
$$\frac{x}{2} = y = \frac{z}{6}$$
$$3x + 5y + z = 34$$

2011.
$$mx = ny = pz$$
$$ax + by + cz = d$$

2012.
$$ax = by = cz$$
$$\frac{1}{x} + \frac{1}{y} + \frac{1}{z} = \frac{1}{d}$$

CHAPITRE IV

PROBLÈMES A PLUSIEURS INCONNUES

2013. *Une couronne pesant 300 grammes est formée d'or et d'argent. En la pesant dans l'eau, on trouve qu'elle perd 20 grammes de son poids. Trouver la composition de cette couronne, sachant que l'or a pour densité 19,50 et l'argent 10,5.*

2014. *Trois terrassiers creusent un fossé. Le premier et le deuxième le creuseraient en 1 jour 5/7 ; le deuxième et le troisième le creuseraient en 2 jours 2/9, et le premier et le troisième en 1 jour 7/8. Combien chaque terrassier travaillant seul mettra-t-il de temps?*

2015. *Un orfèvre a deux lingots formés d'or et d'argent. Le premier a pour titre 0,95 et le second 0,85. Quel poids doit-il prendre de ces deux lingots pour obtenir un alliage au titre 0,90?*

2016. *Un marchand de vins fins a vendu une première fois 30 litres de bourgogne, 6 litres de bordeaux et 5 litres de champagne pour la somme de 65 fr. ; une deuxième fois, il a vendu 5 litres de bourgogne 10 de bordeaux, 12 de champagne pour 69 fr. ; enfin, une troisième fois, il a vendu 20 litres de bourgogne, 4 de bordeaux, 10 de champagne, et a reçu 70 fr. Quel est le prix du litre de chaque qualité?*

TROISIÈME PARTIE

ÉQUATIONS DU DEUXIÈME DEGRÉ

CHAPITRE PREMIER

EXERCICES SUR LES RADICAUX

Effectuer les opérations indiquées :

2017. $\sqrt{1}$

2018. $\sqrt{4}$

2019. $\sqrt{25}$

2020. $\sqrt{a^6}$

2021. $\sqrt{a^{16}}$

2022. $\sqrt{(a-1)^2}$

2023. $\sqrt{(a+b-c)^4}$

2024. $\sqrt[3]{1}$

2025. $\sqrt[3]{-1}$

2026. $\sqrt[3]{-27}$

2027. $\sqrt[3]{-a^{12}}$

2028. $\sqrt[3]{-a^3 b^6 c^9}$

2029. $\sqrt{a^4 b^2}$

2030. $\sqrt[3]{-a^6 b^3}$

2031. $\sqrt{16 a^4 b^6 c^{10}}$

2032. $\sqrt[3]{-(a+1)^6}$

2033. $\sqrt{-\dfrac{a^3}{b^6}}$

2034. $\sqrt{a^{30} b^{12} c^{24}}$

2035. $\left(\dfrac{4}{5} \cdot \dfrac{5}{6} \cdot \dfrac{2}{3}\right)^3$

2036. $\left(\dfrac{2^3 . 5^4 . 6^5 . a^4}{3^4 . 6^3 . 10^2}\right)^3$

2037. $\left([(a^2 b^{32})]^3\right)^5$

Dans les expressions suivantes, faire entrer les coefficients sous les radicaux :

2038. $2a^3 \sqrt[3]{-a^5}$

2039. $-3a^2 \sqrt[3]{-4a^5}$

2040. $2(a-b)\sqrt{a-b}$

2041. $(3a-1)^2 \sqrt{3a-1}$

2042. $\dfrac{1-a}{\cdot a} \sqrt{\dfrac{a^4}{(a-1)^4}}$

2043. $\dfrac{a+1}{m} \sqrt[3]{\dfrac{m^2}{(a+1)^2}}$

Simplifier les radicaux suivants :

2044. $\sqrt{\dfrac{-a^6 b^9 c}{d}}$

2045. $\sqrt{(a-b)^6 (a+b)^2 (c+d)}$

2046. $\sqrt{-4}$

2047. $\sqrt{-a^6}$

2048. $\sqrt{a^2 - a^4}$

2049. $\sqrt[3]{24 a^8 b^7 c^5}$

2050. $\sqrt[3]{32 x^3 (x^2 - a^2)^5}$

2051. $\sqrt{\left(\dfrac{a^4 - b^4}{a^2 - b^2}\right)^3 \left(\dfrac{a^2 - b^2}{a^4 - b^4}\right)^4}$

2052. $\sqrt{3a^2 + \sqrt{6a^4 - \sqrt{25 a^8}}}$

2053. $\sqrt{1 + \sqrt{6 + \sqrt{5 + \sqrt{16}}}}$

2054. $-\sqrt[3]{\dfrac{a^6}{b^9}}$

2055. $\sqrt{-a^9 b^8 c^{15}}$

2056. $\sqrt[12]{\dfrac{a^4}{(1-a)^8}}$

2057. $\sqrt{a^7} + \sqrt{a^5} - \sqrt{a^3} + \sqrt{a}$

Simplifier les expressions suivantes :

2058. $a\sqrt[5]{b^6 c^7 d^3} - c\sqrt[5]{a^{15} b^6 c^{22} d^8}$

2059. $\sqrt{\dfrac{a}{b^2} - \dfrac{c}{b^2}} + \sqrt{\dfrac{a}{c^2} - \dfrac{1}{c}}$

2060. $3\sqrt{2} \cdot 4\sqrt{3} \cdot 5\sqrt{24}$

2061. $\sqrt{a} \cdot \sqrt[4]{\dfrac{1}{a^2}} \cdot \sqrt[6]{a^3}$

2062. $\sqrt{-4} - \sqrt{-1}$

2063. $\sqrt{-8} + \sqrt{-32} - 2\sqrt{2}$

2064. $a\sqrt{a} \cdot b\sqrt{b} \cdot \dfrac{a}{b} \sqrt{\dfrac{a^3}{b^3}}$

Développer et réduire les expressions suivantes :

2065. $\left(\sqrt{-3}\right)^2$

2066. $5\sqrt{-8} \cdot 3\sqrt{-32}$

2067. $\sqrt{-a^2} \cdot \sqrt{-b^2}$

2068. $\left(\sqrt{-5} - \sqrt{-6}\right)^2$

2069. $\left(3 + \sqrt{-4}\right)\left(3 - \sqrt{-4}\right)$

2070. $\left(a + b\sqrt{-1}\right)\left(a - b\sqrt{-1}\right)$

2071. $\left(\sqrt{-1}\right)^3$

2072. $\left(\sqrt{-1}\right)^4$

2073. $\left(\sqrt{-1}\right)^5$

Effectuer les opérations indiquées et réduire :

2074. $\left(-\sqrt[3]{-a^7}\right) : \left(-\sqrt{a^3}\right)$

2075. $3 : \sqrt{0,0036} : 7,20$

2076. $6 : \sqrt[3]{1 : 0,008}$

2077. $(a+b)\dfrac{\sqrt{a-b}}{\sqrt{a+b}} : \dfrac{\sqrt{a+b}}{\sqrt{a-b}}$

2078. $\dfrac{a}{\sqrt{b}} : \dfrac{b}{\sqrt{a}}$

2079. $\dfrac{a}{\sqrt[3]{b^2}} : \dfrac{b}{\sqrt{a^3}}$

2080. $\sqrt{-a^5} : \sqrt{-a^4}$

2081. $\sqrt{-12} : \sqrt{-6}$

Effectuer et réduire :

2082. $\left(\sqrt[3]{\sqrt[4]{\sqrt{5 a^3 b}}}\right)^{24}$

2083. $\left(\sqrt{\sqrt{\sqrt{\sqrt{a^3 b^2 c}}}}\right)^{32}$

2084. $\left(\sqrt{a\sqrt{b\sqrt{c\sqrt{d}}}}\right)^{32}$

2085. $\sqrt{9\sqrt{8}}$

2086. $\sqrt{9\sqrt{16\sqrt{256}}}$

2087. $\sqrt{\sqrt[3]{\sqrt[4]{\sqrt[5]{a^{240}}}}}$

2088. $\left(\sqrt[3]{2\sqrt{2\sqrt{2\sqrt[4]{4}}}}\right)^{12}$

2089. $\sqrt{a\sqrt[3]{b}} \cdot \sqrt[3]{b\sqrt{a}}$

Rendre rationnels les dénominateurs des fractions suivantes :

2090. $\dfrac{1}{4-\sqrt{3}}$

2091. $\dfrac{a-b}{\sqrt[3]{a}-\sqrt[3]{b}}$

2092. $\dfrac{1}{\sqrt[3]{2}+\sqrt[3]{3}}$

2093. $\dfrac{\sqrt{a}+\sqrt{b}}{\sqrt{a}-\sqrt{b}}$

2094. $\dfrac{1}{2-\sqrt[3]{3}}$

2095. $\dfrac{2}{\sqrt{2}.\sqrt[3]{2}.\sqrt[4]{2}}$

CHAPITRE II

ÉQUATIONS DU SECOND DEGRÉ

Résoudre les équations suivantes :

2096. $\dfrac{x+1}{x+2}+\dfrac{x-1}{x-2}=\dfrac{2x+1}{x+1}$

2097. $\dfrac{x-2}{x+2}+\dfrac{x+2}{x-2}=\dfrac{2x+6}{x-3}$

2098. $\dfrac{2x-1}{x-1}-\dfrac{2x-3}{x-2}+\dfrac{1}{6}=0$

2099. $\dfrac{3y+21}{y+1}=\dfrac{2y+1}{y-1}$

2100. $\dfrac{x^3-1}{x-1}=0$

2101. $\dfrac{x^3+1}{x+1}=0$

2102. $\dfrac{3}{x^2-1}=\dfrac{1}{2x+2}+\dfrac{1}{4}$

2103. $\dfrac{4}{x+2}-\dfrac{12}{x+6}+\dfrac{5}{x+4}=0$

2104. $\sqrt{x^2+9}=5$

2105. $\dfrac{118\sqrt{x}}{2}=59-\dfrac{\sqrt{x}}{4}+\dfrac{1}{4}$

2106. $\sqrt{x+16}=\sqrt{3x+9}-1$

2107. $x+\sqrt{x}-20=0$

2108. $4x-3\sqrt{x}-27=0$

Résoudre les équations littérales suivantes :

2109. $y^2-a^2b^2y^2+a^3b^3y-a^2b^2=0$

2110. $x^2-2ax+a^2-(b+c)^2=0$

2111. $x^2 + 2ax - a^2 + 1 = 0$

2112. $a^2x^2 - 2a^3x + a^4 - 1 = 0$

2113. $x^2 - 2ax + a^2 - 100 = 0$

2114. $4x^2 - 16ax + 16a^2 - b^2 = 0$

2115. $2ax^2 - (a^2 + 4x) + 2a = 0$

2116. $x^2 - (2a^2 + 2b^2)x + (a^2 - b^2)^2 = 0$

2117. $x^2 - 2ax = b^2 - a^2$

2118. $x(x - 2a^2) + a^4 - b^4 = 0$

2119. $\dfrac{2y + 13}{y + 16} - \dfrac{y - 1}{y + 1} = \dfrac{y - a}{y + a}$

2120. $\dfrac{2x}{x - a} = 1 + \dfrac{2x}{a} + \dfrac{2x + 2a}{a - x}$

2121. $\dfrac{x}{m} + \dfrac{m}{x} = \dfrac{x}{n} + \dfrac{n}{x}$

2122. $\dfrac{x^2 + 1}{x} = \dfrac{6m - x}{2m^2} + x$

2123. $x^2(m + 1) - 3mx + 2m - 1 = 0$

2124. $\dfrac{x + b}{a} = \dfrac{x}{x - b}$

2125. $\dfrac{x - b}{b} = \dfrac{2b}{x - b}$

2126. $\dfrac{1}{x - m} + \dfrac{1}{x - n} - \dfrac{1}{x - p} = 0$

2127. $\dfrac{x - a}{x + a} = \dfrac{b - x}{b + x}$

2128. $\dfrac{abx^2}{4} = \dfrac{a + b}{2} \times x - 1$

Résoudre les équations incomplètes suivantes :

2129. $(a + b)x^2 = (a^2 - b^2)x$

2130. $\dfrac{x^2}{a^2} - \dfrac{b^2x^2}{c^2} = 0$

2131. $\dfrac{4}{x - 3} - \dfrac{4}{x + 3} = \dfrac{1}{3}$

2132. $\dfrac{3(x^2 - 11)}{5} = \dfrac{2(x^2 - 60)}{7} + 36$

2133. $\dfrac{x + 1}{x + 2} + \dfrac{x - 1}{x - 2} = \dfrac{2x - 1}{x - 1}$

2134. $\dfrac{y - 2}{y + 2} + \dfrac{y + 2}{y - 2} = \dfrac{13}{6}$

2135. $\dfrac{x^2 - 5}{4} = \dfrac{x^2 + 3}{12}$

CHAPITRE III

EXERCICES SUR LES PROPRIÉTÉS DES RACINES

Former les équations qui ont pour racines les nombres suivants :

2136. $\dfrac{1}{a+b}, \dfrac{1}{a-b}$

2138. $\dfrac{1}{10}, -\dfrac{1}{100}$

2137. $\dfrac{1}{7}, 7$

2139. $\dfrac{a}{b}, \dfrac{b}{a}$

2140. $a, -an.$

Déterminer a *et* b *de manière que les équations suivantes aient les mêmes racines :*

2141. $x^2-23x+60=0$
$x^2-ax+b=0$

2142. $3x^2-10x+3=0$
$ax^2+bx+6=0$

2143. $ax^2-41x+40=0$
$x^2+bx+80=0$

CHAPITRE IV

ÉQUATIONS SIMULTANÉES ET PROBLÈMES DU DEUXIÈME DEGRÉ

Résoudre les systèmes suivants :

2144. $x^2+y^2+xy=49$
$x+y=0$

2147. $x^3-y^3=61$
$x-y=1$

2145. $\dfrac{1}{x^2}+\dfrac{1}{y^2}=\dfrac{10}{81}$
$\dfrac{1}{x^2}-\dfrac{1}{y^2}=\dfrac{8}{81}$

2148. $x^4-y^4=65$
$x^2+y^2=13$

2146. $x^3y^3=216$
$x^2y^2+x+y=41$

2149. $3x^2-2y^2=43$
$5x+3z=37$
$4x-5z=0$

2150. $\dfrac{x}{a}=\dfrac{y}{b}=\dfrac{z}{c}=\dfrac{t}{d}$

$ax^2+by^2+cz^2+dt^2=k^2$

2151. $\dfrac{x}{3}=\dfrac{y}{4}=\dfrac{z}{5}=\dfrac{t}{6}$

$2x^2-3y^2+4z^2-t^2=34$

2152. $x^2+y^2=202$

$xy=99$

$x+y=z$

2153. $xy=az$

$xz=by$

$yz=cx$

Résoudre les équations bicarrées suivantes :

2154. $x^4-26x^2+25=0$

2155. $x^4-20x^2+64=0$

2156. $x^4-1=0$

2157. $x^4-29x^2+100=0$

2158. $x^4-25x^2+144=0$

2159. $8x^4+20x^2-5,5=0$

2160. $36x^4-13x^2+1=0$

2161. $625x^4-125x^2+4=0$

2162. $x^4+13x^2+36=0$

2163. $4x^4-7x^2-261=0$

2164. $3x^4-7x^2+2=0$

2165. $6x^4+3x^2+1=0$

2166. $x^4-81=0$

2167. $x^4-16=0$

2168. $x^4+24x^2+4=0$

2169. $x^4-6x^2+9=0$

2170. $8x^4-6x^2+9=0$

2171. $x^4+4x^2=0$

2172. $x^4-9x^2=0$

2173. $6x^4-7x^2-3=0$

PROBLÈMES DU DEUXIÈME DEGRÉ

2174. *Un général dispose un corps de troupes en carré plein. Après un premier arrangement, il lui reste 326 hommes ; il essaye alors de mettre 3 hommes de plus à chaque ligne, mais pour achever le carré il lui en manque 253. Combien a-t-il d'hommes?*

2175. *Trouver deux nombres tels que leur somme, leur différence, le produit de leurs carrés, soient proportionnels à 17, 9, 2704.*

2176. *Un vigneron disait : si je vends mon vin 24 fr. l'hectolitre, je paierai mes dettes et j'aurai 150 fr. de reste ; mais si je ne le vends que 18 fr., il faudra que j'emprunte 200 fr. Combien dois-je, et combien ai-je d'hectolitres de vin?*

2177. *Deux capitaux dont la somme est 60.000 fr. rapportent, le premier 1800 fr. et le second 1000 fr. La somme des taux étant 9,5, trouver les deux capitaux et les deux taux.*

2178. *Deux capitaux diffèrent de 5.000 fr., et leurs taux diffèrent de 1 fr. Sachant que dans une année ces deux capitaux rapportent l'un 1.000 fr. et l'autre 600 fr., trouver les capitaux et les taux.*

2179. *Une société de 24 personnes a dépensé 68 fr. dans une partie de plaisir : les hommes 40 fr. et les femmes 28. Chaque homme a dépensé 2 fr. de plus qu'une femme. Combien y avait-il d'hommes et de femmes et quelle est la dépense de chacun?*

2180. *Un boucher achète des moutons pour 200 fr. ; il en perd 2, ce qui l'oblige de vendre chacun des autres 15 fr. de plus qu'il ne lui avait coûté. Il gagne ainsi 80 fr. sur son marché. Quel était le prix d'achat d'un mouton et combien en avait-il acheté?*

2181. *Trouver trois nombres consécutifs tels que leur produit soit égal à 8 fois leur somme.*

2182. *Trouver la base d'un système de numération dans lequel le nombre décimal 456 s'écrit 556.*

2183. *Deux fontaines remplissent un bassin en 6 heures. Trouver le temps qu'il faut à chacune d'elles, coulant seule, pour remplir ce bassin, sachant que la première emploie 5 heures de plus que la seconde.*

PROBLÈMES DE GÉOMÉTRIE PLANE

2184. *Un polygone a 90 diagonales ; combien a-t-il de côtés ?*

2185. *Dans un triangle, un angle vaut 70° ; trouver les deux autres sachant que l'un est le carré de l'autre.*

2186. *Partager une droite de 100 mètres en moyenne et extrême raison.*

2187. *Le plus grand segment d'une droite divisée en moyenne et extrême raison étant a, trouver la droite.*

2188. *Le plus petit segment d'une droite divisée en moyenne et extrême raison étant 10 mètres, trouver la droite.*

2189. *Dans un triangle ABC, on mène la bissectrice BD de l'angle B. Le côté BC du triangle est égal à 2 fois le segment AD plus 5 mètres ; calculer le côté BC, sachant d'ailleurs que DC = 2 mètres et que AB = 9 mètres.*

2190. *Calculer la surface et les deux côtés de l'angle droit d'un triangle rectangle dont l'hypoténuse est de 125 mètres, sachant que la différence des deux côtés inconnus est de 25 mètres.*

2191. *Dans un triangle rectangle l'hypoténuse vaut 40 m. Calculer les deux côtés de l'angle droit si leur somme est de 56 mètres.*

2192. *Trouver un triangle rectangle dont les côtés soient trois nombres entiers consécutifs.*

2193. *Quel est le triangle rectangle dont les côtés diffèrent de 10 mètres ?*

2194. *Dans un triangle rectangle, le périmètre égale 60 mètres, et le plus petit côté a 16 mètres de moins que l'hypoténuse. Trouver les trois côtés.*

2195. *Calculer les deux côtés de l'angle droit d'un triangle rectangle dont l'hypoténuse a 100 mètres, et la surface 2400 m².*

2196. *Deux cordes se coupent dans un cercle : les deux segments de l'une ont 10 m. et 20 m. Quels sont les deux segments de l'autre corde, si la longueur totale est de 30 m. ?*

2197. *Deux cordes se coupent à l'intérieur d'un cercle de 6 m. de rayon. Si le produit des deux segments de l'une est 11, calculer la distance du centre au point d'intersection des deux cordes.*

2198. *Par un point on mène à un cercle une tangente et une sécante. La tangente a 6 m., et la partie intérieure de la sécante est de 5 m. Trouver la sécante entière.*

2199. *Dans un cercle de 13 m. de rayon, on trace un diamètre. En quel point de ce diamètre faut-il lui mener une perpendiculaire pour que la portion de cette droite qui est comprise dans le cercle ait 10 m.?*

2200. *Partager en deux parties équivalentes un cercle de 10 m. de rayon, par un cercle concentrique.*

2201. *Partager en moyenne et extrême raison un cercle de 20 m. de rayon par un cercle concentrique.*

2202. *Trouver les deux dimensions d'un rectangle dont la surface est de 10302 m², sachant que ces dimensions ont 1 m. de différence.*

2203. *Quand on augmente de 1 m. les deux dimensions d'un rectangle, sa surface augmente de 31 m². Trouver ces deux dimensions, sachant que leur différence est de 10 m.*

2204. *Un rectangle a 300 m² de surface, avec une diagonale de 25 m. Quels sont les côtés?*

2205. *La diagonale et le côté d'un carré ont 9 m. 656 de différence. Trouver la surface de ce carré.*

2206. *La différence entre la surface d'un carré et la surface du carré construit sur sa diagonale est de 2 m². Trouver le côté et la diagonale de ce carré.*

2207. *Dans un triangle ABC, on a AB=10 m., BC = 15 m. Calculer AC, sachant que l'on prend sur AB une longueur AD= AC et que la parallèle DE à AC a 1 m.60.*

2208. *Sachant que la surface d'un triangle est de 300 m² et que la base et la hauteur diffèrent de 10 m., trouver ces deux lignes.*

2209. *Calculer les médianes d'un triangle dont les côtés ont 5 m., 12 m., et 13 m.*

2210. *Deux triangles doubles l'un de l'autre, ont un même angle de 40°. Dans le premier triangle, les deux côtés qui comprennent l'angle de 40° valent respectivement 23 m., 10 et 20 m. On demande les deux côtés du second triangle qui comprennent l'angle de 40°, sachant qu'ils diffèrent de 10 m.*

2211. *Dans un trapèze, la grande base surpasse la petite base de 10 m., et la hauteur est égale à la demi-somme des bases ; calculer ces trois lignes, la surface du trapèze étant de 225 m².*

PROBLÈMES DE GÉOMÉTRIE DANS L'ESPACE

2212. *Les dimensions d'une poutre équarrie sont entre elles comme les nombres 3, 4, 50. Calculer les dimensions et le volume de cette poutre sachant que sa surface totale est de 7 m² 24.*

2213. *Les trois arêtes d'un parallélipipède rectangle étant trois nombres entiers consécutifs, et une diagonale valant 7 m. 071, trouver les trois arêtes et le volume.*

2214. *Un prisme hexagonal régulier a une hauteur de 0 m. 80 et une surface totale de 0 m² 83136. Trouver le côté de la base.*

2215. *Une pyramide a 10 dm² de base et une hauteur de 2 m. On demande à quelle distance de la base il faut lui mener un plan parallèle, pour que la section soit le cinquième de cette base.*

2216. *Un tronc de pyramide à bases carrées, a pour volume 21 dm³ ; le côté de la grande base étant 40 cm et la hauteur 30 cm, calculer le côté de la base supérieure.*

2217. *Un vase cylindrique a 2π pour volume et 4π pour surface latérale. Trouver le rayon et la hauteur de ce vase.*

2218. *Trouver le rayon d'un cylindre ayant 2 m. de hauteur et 6 m² de surface totale.*

2219. *Le diamètre d'un cylindre et sa hauteur sont entre eux comme 8 est à 5 et sa surface totale vaut 226 m² 19448. Quels sont le rayon et la hauteur de ce solide?*

2220. *Le rayon d'un cône a deux mètres de moins que sa génératrice. Calculer ce rayon et la hauteur si la surface convexe de ce cône est de 9 m² 42477.*

2221. *On fait tourner un rectangle autour de l'un de ses côtés qui a 1 m. Quelle doit être la longueur de l'autre côté pour que le volume engendré soit 31 dm³ 41593?*

2222. *Sachant que la surface totale d'un cône vaut 63 m² 617197 et que sa génératrice a 7 m. 50, trouver la hauteur et le rayon de ce solide.*

2223. *On fait tourner un triangle rectangle autour d'un côté de l'angle droit qui a 2 m. de longueur. Quelle doit être la longueur de l'autre côté de l'angle droit pour que le volume engendré soit de 4 m³ 71238?*

2224. *Une chaudière est formée d'un cylindre terminé par deux hémisphères de même rayon que le cylindre. Le rapport de la longueur du cylindre à celle du rayon est 4. Déterminer la longueur intérieure totale de cette chaudière qui doit contenir 15 hectolitres (Brev. sup.).*

CHAPITRE V

EXERCICES SUR LE TRINOME DU SECOND DEGRÉ

Trouver les racines, décomposer en une différence de deux carrés, en produit de deux facteurs du premier degré, chacun des trinômes suivants :

2225.	x^2-7x+1	**2231.**	$-x^2+35x-300$
2226.	$x^2-2x-15$	**2232.**	$-x^2+85x-400$
2227.	x^2+3x+2	**2233.**	$6x^2-13x+6$
2228.	$-x^2+x+2$	**2234.**	$-16x^2+16x-3$
2229.	$x^2-60x+459$	**2235.**	$-abx^2+(a^2+b^2)x-ab$
2230.	$x^2+21x-820$	**2236.**	$-5x^2+125$

Trouver les racines des trinômes suivants et remplacer chacun d'eux par un carré ou par la somme de deux carrés :

2237. $16x^2-8x+1$

2238. $x^2-9x+20,25$

2239. $4x^2-4x+1$

2240. x^2-6x+5

2241. $-x^2+8x-16$

2242. $-x^2-16x-65$

2243. $x^2-x+0,25$

2244. $-x^2-0,06x-0,0009$

2245. $x^2-2ax+a^2+b^2$

2246. $-a^2x^2+14ax-49$

2247. x^2+16

2248. $-x^2+ax$

2249. $-x^2-16$

2250. x^2+1

Trouver les racines, décomposer en carrés et en facteurs du premier degré, les trinômes suivants :

2251. $x^2-100x+99$

2252. $x^2-20x+101$

2253. $1089x^2-66x+1$

2254. $-x^2+41x-40$

2255. $-x^2+42x-442$

2256. $-a^2x^2+2abx-b^2$

2257. $-2abx^2+(4a^2+b^2)x-2ab$

2258. $x^2-2(a+b)x+a^2+b^2+c^2$

2259. $-x^2+2(a+b)x-(a+b)^2+c^2$

2260. $-a^2b^2x^2+2a^3bx-a^4+b^4$

2261. $x^2+2ax+a^2$

2262. $-x^2+(a^2+b^2)x-a^2b^2$

Dans les trinômes suivants, trouver : 1° les racines ; 2° les valeurs de x qui rendent ces trinômes positifs ; 3° les valeurs de x qui les rendent négatifs :

2263. $x^2-33x+242$

2264. $100x^2-300x+325$

2265. $-x^2+21x-20$

2266. $x^2-12x+37$

2267. $-x^2-30x-161$

2268. $x^2+x+0,25$

2269. $-x^2+2x-2$

2270. $x^2-31x+30$

2271. $-256x^2+32x-1$

2272. $-x^2+2ax-4a^2$

2273. $x^2-(ab+a)x+a^2b$

2274. x^2-5x

2275. $-x^2+a^2$

2276. x^2+x

2277. x^2+1

2278. $5x^2$

Trouver les racines, décomposer en carrés et en facteurs les trinômes suivants ; trouver ensuite les valeurs de x qui rendent ces fonctions positives, et celles qui les rendent négatives :

2279. $x^2-58x+517$

2280. $x^2-200x+20000$

2281. $-x^2+10x-50$

2282. $a^4x^2-2a^2x+1-a^4$

2283. $x^2+2p^2x+p^4$

2284. $-25x^2+49$

Sans déterminer les racines des trinômes suivants, dire si les nombres
$$-4 \qquad 0 \qquad 10$$
sont compris ou non entre les racines :

2285. x^2-8x+7

2286. $-x^2+8x-7$

2287. $x^2+11x+28$

2288. $-x^2+49$

2289. $x(x-12)$

2290. $x^2-10x-26$

2291. $-x^2+6x+7$

2292. $-4x^2+4x-1$

2293. x^2-100

2294. $-49x^2+7x+2$

Vérifier les inégalités suivantes :

2295. $x^2-4>0$

2296. $x^2+4<0$

2297. $-x^2-289>0$

2298. $x^4-16<0$

2299. $-x^2+ax>0$

2300. $b^2x^2-a^2<0$

2301. $x^4-x^2<0$

2302. $3x(3x-9)>0$

2303. $x^2-4x+5>0$

2304. $x^2+2ax+a^2<0$

2305. $-x^2+12x-35>0$

2306. $x^2+11x+28<0$

2307. $-x^2+33x-272,5<0$

2308. $-x^2+9x-20>0$

2309. $x^2-22x+121<0$

2310. $x^2-(a^2+b^2)x+a^2b^2>0$

2311. $x^2-4x+68<0$

2312. $-x^2+12x-37<0$

2313. $-a^2x^2+b^2x+c^2>0$

2314. $4a^2x^2y^2-4axy+1<0$

2315. $(x-2)(x-5)(x-8)>0$

2316. $(x-1)(x-2)(x-3)(x-4)>0$

Résoudre les couples suivants d'inégalités simultanées :

2317. $x^2-23x+60>0$
$x^2-40x+300>0$

2318. $x^2-23x+60>0$
$x^2-40x+300<0$

2319. $x^2-23x+60<0$
$x^2-40x+300>0$

2320. $-x^2+23x-60>0$
$-x^2+40x-300>0$

2321. $x^2-18x+45<0$
$x^2-20x+96>0$

2322. $x^2+18x+45>0$
$x^2-11x+28>0$

2323. $-x^2+2x-1<0$
$x^2-100<0$

2324. $x^2+x-6=0$
$x^2+3x-4>0$

2325. $x^2-12x+32>0$
$x^2-13x+22<0$

2326. $ax^2+bx>0$
$ax^2+bx+c>0$

2327. $ax^2+b<0$
$bx^2-b^2>0$

2328. $x^2-16>0$
$x^2-28x>0$

2329. $x^2-31x+30<0$
$x^2-31x+58<0$
$x^2-31x+238<0$

2330. $x^2-100x+99>0$
$x^2-100x+196>0$
$x^2-100x+900<0$

2331. *Trouver la condition pour que l'expression*
$$(a+bx)^2+(a'+b'x)^2$$
soit un carré parfait. Démontrer en outre que si les deux expressions
$$(a+bx)^2+(a'+b'x)^2 \text{ et } (a+cx)^2+(a'+c'x)^2$$
sont des carrés, il en est de même de
$$(b+cx)^2+(b'+c'x)^2.$$

2332. *Si* x' *et* x" *sont les racines du trinôme* x^2+px+q, *trouver les conditions auxquelles doivent satisfaire les coefficients* p *et* q *pour que l'on ait*
$$\alpha x'^2+\beta x'+\nu=\alpha x''^2+\beta x''+\nu$$
α, β, ν, *étant trois nombres donnés.*

2333. *Que doit être* n *pour que, quel que soit* x, *le trinome*
$$x^2+2x+n$$
soit supérieur à 10 ?

2334. *Résoudre l'inégalité*
$$x(x^4-7x^2+12)>0$$

2335. *Trouver les valeurs limites de* h *pour que l'inégalité*
$$x^2+2hx+h>\frac{3}{16}$$
soit vérifiée quel que soit x.

3236. *Si* a, b, c, *sont les trois côtés d'un triangle, le trinôme*
$$b^2x^2+(b^2+c^2+a^2)x+c^2$$
est positif quel que soit x.
Quelle relation y aurait-il entre a, b, c, *si le trinôme était carré parfait?*

2337. *Quelle valeur faut-il donner à* m *pour que le trinôme*
$$mx^2+(m-1)x+m-1$$
soit négatif quel que soit x?

2338. *Quelles valeurs faut-il donner à* m *pour que les trinômes suivants restent positifs quel que soit* x?
$$1^o \quad (m-2)x^2+2(2m-3)x+5m-6$$
$$2^o \quad (4-m)x^2-3x+4+m$$

2339. *La quantité* h *étant donnée, quelle valeur faut-il attribuer à cette lettre pour que l'inégalité suivante ait lieu quel que soit* x?
$$\frac{(h+1)x^2+hx+h}{x^2+x+1}>1$$

Résoudre les inégalités suivantes :

2340. $\dfrac{x^2-3x+2}{x^2+3x+2}>0$ **2342.** $\dfrac{7x-5}{8x+3}>4$

2341. $\dfrac{x^2+10x+16}{x-1}>10$ **2343.** $\dfrac{(x-1)(x-2)}{(x-3)(x-4)}>1$

2344. $\dfrac{2x^2-6x+3}{x^2-5x+4}>1$

QUATRIÈME PARTIE

PROGRESSIONS ET LOGARITHMES

CHAPITRE PREMIER

PROBLÈMES SUR LES PROGRESSIONS ARITHMÉTIQUES

2345. *Former une progression de 6 termes dont le premier soit* $4a+6b$ *et la raison* $a-b$.

2346. *Trouver le septième terme d'une progression dont le premier est* $24a-6b+13$ *et la raison* $b-4a-2$.

2347. *Combien une progression a-t-elle de termes, sachant que le premier est* $10x-7y$, *le dernier* $3y$ *et la raison* $y-x$?

2348. *Trouver le premier terme d'une progression dans laquelle le vingtième terme est* $a+b+1$ *et la raison* $\dfrac{a}{19}+b$.

2349. *Etant donnée la progression*
$$\div(30m-15).(26m-13)\ldots\ldots(2m-1)$$
calculer le nombre et la somme des termes.

Trouver la somme des termes de chacune des progressions suivantes :
2350. $\div 1.3.5.7\ldots999$.
2351. $\div 1.2+a.3+2a.4+3a\ldots 21+20a$.

Les progressions suivantes ont 12 termes, calculer leur raison.
2352. $\div a\ldots a(11n+1)$
2353. $\div na\ldots a\,(n-1)$

Calculer la somme des 10 premiers termes de chacune des progressions suivantes :

2354. $\div 11a.\dfrac{10a}{9}\ldots$

2355. $\div 25a.23a\ldots$

2356. $\div \dfrac{a}{5}\,\dfrac{3a}{5}\ldots$

Insérer 6 moyens arithmétiques entre les deux nombres suivants :

2357. $8a-16b,\qquad a-2b.$

2358. $21a-7,\qquad 0.$

2359. $\dfrac{5a}{4},\qquad 10a$

2360. $61,\qquad -79.$

2361. *Etant donnés* n, S, r, *calculer* l *et* a.

2362. *On donne* l, S, n, *calculer* a *et* r.

2363. *On donne* l, a, r, *calculer* S *et* n.

2364. *Etant donnés* a, r, S, *calculer* l *et* n.

2365. *Etant donnés* S, l, r, *calculer* n *et* a,.

2366. *On donne* r, n, l, *calculer* S *et* a.

2367. *Etant donnés* a, l, n, *calculer* r *et* S.

2368. *Etant donnés* S, l, a, *calculer* r *et* n.

2369. *Etant donnés* S, a, n, *calculer* r *et* l.

2370. *Etant donnés* a, n, r, *calculer* S *et* l.

2371. *Quelle est la somme de tous les nombres d'une table de Pythagore contenant tous les produits deux à deux des* 10 *premiers nombres?*

2372. *Dans un octogone convexe, les angles sont en progression arithmétique de raison* 5°. *Trouver ces angles.*

2373. *Trois ouvriers creusent un puits de* 27 *mètres de profondeur. Pour le premier mètre ils reçoivent* 20 *fr. ; pour le second, ils reçoivent* 23 *fr. ; pour le troisième,* 26 *fr., et ainsi de suite. Combien ont-ils reçu chacun, sachant qu'après les* 9 *premiers mètres, ils sont* 3 *de plus et qu'ils sont encore augmentés de* 3 *pour creuser les* 9 *derniers mètres?*

2374. *Trois nombres en progression arithmétique ont pour somme* 54 *et* 5814 *pour produit. Trouver ces nombres.*

2375. *On marque* 10 *points sur une circonférence, et l'on joint chacun d'eux à tous les autres par des lignes droites. Combien a-t-on mené de droites distinctes?*

2376. *Le produit des deux premiers et des deux derniers termes d'une progression de* 5 *termes est* 483021, *et la raison* 10. *Trouver la progression.*

2377. *Un domestique a gagné* 3350 *fr. en* 10 *ans. Sachant que la première année il a reçu* 200 *fr., et que chaque année il a été augmenté d'une même somme, quelle est l'augmentation annuelle de ses gages?*

2378. *Trouver un triangle rectangle dont les côtés soient* 3 *nombres entiers différents de* 5.

CHAPITRE II

PROBLÈMES SUR LES PROGRESSIONS GÉOMÉTRIQUES

2379. *Le 10e terme d'une progression est b^{9m+11} et la raison b^{m+1}. Trouver le premier terme.*

2380. *Trouver le premier terme d'une progression dont le 12e est $-b^{32}$ et la raison $-b^2$.*

2381. *Le premier est a^2 et la raison a^5*

2382. *Le premier est 1 et la raison $-a^2$*

2383. *Le premier est a^{20} et la raison $1/a$*

Trouver le nombre des termes des progressions suivantes :

2384. $\div b^3 : \ldots : -b^{21}$; *raison* $-b^2$.

2385. $\div \dfrac{1}{b} : \ldots : -\dfrac{1}{b^{23}}$; *raison* $-1b^2$

2386. $\div \dfrac{3}{4} : \ldots : \dfrac{1}{324}$; *raison* $\frac{1}{3}$

Trouver la somme des termes de chacune des progressions suivantes :

2387. $\div 1 : x : \ldots : x^9$

2388. $\div a^2 : a^4 \ldots : a^{22}$

2389. $\div a^5 : a^4 : \ldots : \dfrac{1}{a^4}$

2390. $\div x : x^3 : \ldots : x^{2n+1}$

2391. $\div \dfrac{1}{x} : \dfrac{1}{x^2} : \ldots : \dfrac{1}{x^n}$

Trouver les produits des six premiers termes de chacune des progressions suivantes :

2392. $\div \dfrac{1}{2^{10}} : \dfrac{1}{2^8} : \dfrac{1}{2^6} : \ldots$ **2393.** $\div \dfrac{1}{x^3} : \dfrac{1}{x^2} : \dfrac{1}{x} : \ldots$

2394. $\div \dfrac{b}{a} : \dfrac{b^2}{a^2} : \dfrac{b^3}{a^3} : \ldots$

Trouver la somme de tous les termes de chacune des progressions illimitées suivantes :

2395. $\div 26{,}46 : 2{,}646 : 0{,}2646 : 0{,}02646 : \ldots$

2396. $\div 1 : -\dfrac{1}{3} : \dfrac{1}{9} : -\dfrac{1}{27} : \ldots$

2397. *Calculer l'expression*

$$\frac{a+a^3+a^5+a^7+\dots}{\dfrac{1}{a}+\dfrac{1}{a^3}+\dfrac{1}{a^5}+\dfrac{1}{a^7}+\dots}$$

en prenant 20 termes dans chaque progression.

2398. *Trouver la somme des n premiers termes de la suite*

$$1+\frac{1}{x^2}+\frac{1}{x^4}+\frac{1}{x^6}+\dots$$

2399. *Quelle est la somme des 20 premiers termes de la progression*

$$\frac{b}{a}+\frac{b^3}{a^3}+\frac{b^5}{a^5}+\frac{b^7}{a^7}+\dots$$

On demande la somme des huit premiers termes de chacune des deux progressions suivantes :

2400. $\dfrac{4}{5}+1+\dfrac{5}{4}+\dfrac{25}{16}+\dots$

2401. $x+\dfrac{x}{1-y}+\dfrac{x}{(1-y)^2}+\dfrac{x}{(1-y)^3}+\dots$

Trouver la fraction ordinaire génératrice de chacune des fractions périodiques suivantes :

2402.	0,522522522.....		**2406.**	4,232323.....
2403.	0,44444444.....		**2407.**	0,123333.....
2404.	0,9999999......		**2408.**	47,23121212.....
2405.	0,01010101.....		**2409.**	1,37899999.....

2410. *La somme des arêtes d'un parallélipipède rectangle est 10 m. 40. Trouver ces arêtes, sachant qu'elles sont en progression géométrique et que le solide a 216 dm³ pour volume.*

2411. *Si un instituteur qui a fait une composition donnait 2 bons points au douzième élève, 6 au onzième, 18 au dixième, 54 au neuvième, etc., combien aurait-il distribué de bons points?*

2412. *Quatre ouvriers, pour creuser un puits de 30 m. de profondeur, demandent 2 fr. pour le premier mètre, 4 fr. pour le second, 8 fr. pour le troisième, et ainsi de suite. Si l'on acceptait leur proposition, à combien reviendrait ce puits?*

CHAPITRE III

EXERCICES SUR LES PROPRIÉTÉS DES LOGARITHMES

Quelle est la base des systèmes suivants :

2413. ..... $: 5^{-2} : 5^{-1} : 1 : 5 : 5^2 : 5^3 : 5^4 :$ .....
..... $. - 2. - 1. \, 0, \, 1. \, 2. \, 3. \, 4.$ .....

2414. ..... $: 3^{-1} : 1 : 3 : 3^2 : 3^3 : 3^4 :$ .....
..... $. -1. \, 0. \, 1. \, 2. \, 3. \, 4.$ .....

Dans le système

..... $: 5^{-2} : 5^{-1} : 1 : 5 : 5^2 : 5^3 : 5^4 : 5^5 :$ .....
..... $. -2. \, -1. \, 0. \, 1. \, 2. \, 3. \, 4. \, 5.$ ....

trouver le logarithme de chacun des nombres suivants :

2415. 625
2416. 15625
2417. 1/3125

2418. 5^{-4}
2419. $1/5^2$
2420. $1/125$

Développer les expressions suivantes :

2421. $\log (5 \times 6 \times 11)$
2422. $\log 5^3$
2423. $\log \dfrac{1}{3}$
2424. $\log (6^4 \times 2^3)$
2425. $\log \dfrac{8 \times 9}{11}$
2426. $\log \dfrac{5^3}{4^5}$
2427. $\log \dfrac{3^7 \times 5^2}{43}$
2428. $\log \left(\dfrac{1}{5a}\right)^2$
2429. $\log \dfrac{4^2 - a^2}{\sqrt{2 - a}}$
2430. $\log \sqrt{2}$
2431. $\log \sqrt[3]{5}$
2432. $\log \sqrt[5]{3^4}$
2433. $\log \dfrac{5}{\sqrt{3}}$
2434. $\log \dfrac{a^2 - b^2}{\sqrt{a^2 - b^2}}$

2435. $\log \dfrac{6^4}{7^3}$
2436. $\log (5^2 - 3^2)$
2437. $\log \dfrac{abc}{de}$
2438. $\log \left(\dfrac{ab}{c}\right)^5$
2439. $\log \left(\sqrt{2} \times \sqrt{3} \times \sqrt{5}\right)$
2440. $\log \sqrt[3]{4^2 \times 5^5}$
2441. $\log \left(\sqrt{5} \times \sqrt[3]{6} \times \sqrt[4]{7}\right)$
2442. $\log \dfrac{\sqrt{7}}{\sqrt[3]{5}}$
2443. $\log \dfrac{54}{3 \sqrt[5]{4^2}}$
2444. $\log \left(\sqrt{2}\right)^3$
2445. $\log \left(\sqrt[3]{2}\right)^2$
2446. $\log \left(\dfrac{\sqrt{7}}{\sqrt[3]{5}}\right)^3$
2447. $\log 0,23$
2448. $\log 0,0047$

Qu'indiquent les expressions suivantes :

2449. $\log a + \log b$

2450. $\log a - \log b$

2451. $2 \log a$

2452. $5 \log b$

2453. $4 (\log a - \log b)$

2454. $- \log a$

2455. $2 \log a - 3 \log b$

2456. $3 \log a + 4 \log b$

2457. $\dfrac{\log a}{2}$

2458. $\dfrac{\log a + \log b}{2}$

2459. $\dfrac{3 \log a}{5}$

2460. $1 - \log a$

2461. $2 + 3 \log a$

2462. $\dfrac{3 \log a^2 + 5 \log b^3}{4}$

Transformer les logarithmes suivants en logarithmes équivalents ayant leurs mantisses positives :

2463. $-4,39208$

2464. $-7,58246$

2465. $-0,27321$

2466. $-2,58937$

2468. $-0,13383$

2468. $-1,16711$

2469. $-4,11001$

2470. $-0,01072$

Rendre les logarithmes suivants entièrement négatifs :

2471. $\overline{4},39872$

2472. $\overline{1},78965$

2473. $\overline{2},29783$

2474. $\overline{3},43210$

2475. $\overline{7},98731$

2476. $\overline{7},00002$

2477. $\overline{1},10155$

2478. $\overline{3},86617$

2479. $\overline{5},61725$

2480. $\overline{6},00234$

2481. $\overline{1},99982$

2482. $\overline{1},00021$

EXERCICES SUR LES LOGARITHMES VULGAIRES
A CINQ DÉCIMALES

Sachant que l'on a :

$$\log 2 = 0,30103$$
$$\log 3 = 0,47712$$
$$\log 5 = 0,69897$$

calculer les expressions suivantes :

2483. $\log \dfrac{1}{60}$

2484. $\log 64$

2485. $\log 0,24$

2486. $\log 0,6$

2487. $\log 0,004$

2488. $\log 0,00003$

2489. $\log 2,5$

2490. $\log 2/3$

2491. $\log 2/5$

2492. $\log 6/5$

2493. $\log 3/5$

2494. $\log 5/3$

2495. $\log 15/2$

2496. $\log \sqrt[4]{2^3 \times 3^3 \times 5^3}$

2497. $\log \dfrac{\sqrt{2^3}}{\sqrt{3^3}}$

2498. $\log \sqrt{\dfrac{3}{4}}$

2499. $\log \sqrt[3]{\dfrac{5}{6}}$

2500. $\log \left(15^2 \times \sqrt{15}\right)$

2501. $\log \sqrt{\sqrt[3]{6}}$

2502. $\log \sqrt{5\sqrt{3\sqrt{2}}}$

Connaissant $\log 2 = 0{,}30103$ *et* $\log 6 = 0{,}77815$, *calculer les expressions suivantes :*

2503. $\log 5$

2504. $\log 3$

2505. $\log 12$

2506. $\log 24$

2507. $\log 36$

2508. $\log 8$

2509. $\log 18$

2510. $\log 144$

2511. $\log 72$

2512. $\log \frac{1}{3}$

2513. $\log 0{,}3$

2514. $\log 0{,}006$

2515. $\log \sqrt{15}$

2516. $\log \sqrt[3]{36}$

2517. $\log 15^5$

2518. $\log \sqrt[5]{144}$

2519. $\log \dfrac{1}{72}$

2520. $\log \dfrac{1}{144}$

Trouver en logarithmes vulgaires les caractéristiques des nombres suivants :

2521. $1{,}2$

2522. 45

2523. 263456

2524. 2543

2525. 654321891

2526. $647{,}25$

2527. $1{,}125$

2528. $0{,}07$

2529. $0{,}0000451$

2530. $\sqrt{4567698}$

2531. $0{,}002$

2532. $0{,}235$

2533. $0{,}0004567$

2534. $0{,}00000078589$

2535. $0{,}000042367$

Sachant que $\log 67852 = 4{,}83156$ *trouver :*

2536. $\log 6{,}7852$

2537. $\log 678{,}52$

2538. $\log 0{,}00067852$

2539. $\log 0{,}00000067852$

2540. $\log 67{,}852^3$

2541. $\log 0{,}67852^2$

2542. $\log 0{,}67852$

2543. $\log 6785200$

2544. $\log 67852^3$

2545. $\log 67852^2$

2546. $\log \sqrt{67852}$

2547. $\log \sqrt{678{,}52}$

Calculer les expressions suivantes et donner le logarithme final, sachant que l'on a :

$$\pi = 3{,}1416 \qquad e = 2{,}7183 \qquad g = 9{,}809 \qquad R = 2{,}5$$

2548. πR^2

2549. $\dfrac{4\pi R^2 e}{3}$

2550. $\dfrac{4\pi R^3}{3}$

2551. 2^e

2552. $\pi \sqrt{\dfrac{R}{g}}$

2553. e^R

2554. $\pi \left(\sqrt[3]{\dfrac{3R}{4\pi}} \right)^2$

2555. $R\pi$

2556. $\sqrt{\pi R^2 g^3 e}$

2557. $\sqrt[R]{\pi}$

2558. $\pi R g e$

2559. $4\sqrt{\pi} : 5\sqrt{e}$

2560. $(\sqrt{e})^R$

2561. $(\sqrt[\pi]{g})^e$

2562. $\sqrt{g\sqrt{e\sqrt{R\sqrt{\pi}}}}$

2563. *Insérer 10 moyens proportionnels entre 10 et 20.*

2564. *Calculer la surface d'un triangle sachant que les côtés ont 30, 36 et 40 m.*

2565. *Etant donnée la progression*

$$\div \; 6 : 12 : \ldots : 12288$$

trouver le nombre de ses termes.

2566. *D'un tonneau contenant 100 litres de vin on a tiré un litre 20 fois de suite, et chaque fois on l'a remplacé par 1 litre d'eau. On demande après cela, combien il reste de vin dans le tonneau.*

2567. *A la naissance de son fils, un père de famille place à 5 % une somme de 10.000 fr. qui ne sera payable que lorsque le capital et ses intérêts composés s'élèveront ensemble à la somme de 26.533 fr. Quel sera alors l'âge du fils ?*

2568. *Deux négociants ont placé l'un 12000 fr. et l'autre 12092 fr.62 à intérêts composés et à 4%. Le premier, capitalisant les intérêts par semestre et l'autre par année, on demande après combien d'années ils recevront le même capital.*

2569. *Une somme de 4000 fr., placée à intérêts composés, a produit 5105 fr. 1264 en 5 ans. Quel était le taux de l'intérêt ?*

2570. *A quel taux faut-il placer 25000 fr. à intérêts composés pour retirer 33502 fr. 40 en 6 ans ?*

2571. *Une somme de 60000 fr. a été placée à intérêts composés pendant un certain temps. Si elle était restée un an de moins, le capital définitif eût été inférieur de 3996 fr. 12 ; si, au contraire, elle était restée placée un an de plus, le capital définitif eût été supérieur de 4156 fr. 02. On demande le taux et la durée du placement.*

2572. *On place 100 fr. à intérêts composés à 6 %, et au commencement de chacune des années suivantes, on ajoute 20 fr. à l'annuité précédente. Quel est le capital qu'on aura ainsi après dix ans ?*

2573. *Un commerçant emprunte 100.000 fr. à 5 %, et doit amortir cette dette, capital et intérêts composés, en 16 ans, par des annuités égales. Quelle est la valeur d'une annuité? (Brev. sup.).*

2574. *Une commune a emprunté le 1ᵉʳ janvier 1880, à la Caisse des Dépôts et Consignations, au taux 5 % une somme de 6500 fr. remboursables en 12 annuités, le premier paiement devant avoir lieu un an après l'emprunt. Calculer l'annuité à servir (Brev. sup.).*

2575. *On a acheté une maison pour le prix de 300.000 fr., payables immédiatement. On voudrait modifier les conditions et s'acquitter en 3 paiements annuels égaux commençant à la fin de la première année. Si l'intérêt composé est calculé à 5 %, quelle sera la valeur de l'annuité? (Brev. sup.).*

TABLE DES MATIÈRES

EXERCICES COMPLÉMENTAIRES

PREMIÈRE PARTIE. — Calcul algébrique.

DEUXIÈME PARTIE. — Résolution des équations du premier degré.

TROISIÈME PARTIE. — Équations du deuxième degré.

QUATRIÈME PARTIE. — Progressions et logarithmes.

LYON. — IMP. E. VITTE, 18, RUE DE LA QUARANTAINE. — 936.

PERLVSTRAT
A Ω